高等学校"十四五"
农林规划新形态教材

新农科·智慧农业系列教材

智慧牧场

主　编　姜勋平
副主编　刘桂琼　孙　灵
编　者　（按姓名拼音排序）

　　　　白　林（四川农业大学）　　　韩吉龙（石河子大学）
　　　　韩燕国（西南大学）　　　　　姜勋平（华中农业大学）
　　　　凌英会（安徽农业大学）　　　刘桂琼（华中农业大学）
　　　　刘君锐（华中农业大学）　　　权　凯（河南牧业经济学院）
　　　　孙　灵（华中农业大学）　　　曾　兵（西南大学）
　　　　张文广（内蒙古农业大学）　　张英杰（河北农业大学）

中国教育出版传媒集团
高等教育出版社·北京

内容简介

本书包括绪论、牧场感知技术和设备、牧场信息传输技术、牧场大数据、牧场智能控制、牧场智慧信息平台共 6 章。系统介绍了现代牧场生产链中关键的信息化技术和智能化/自动化设备，包括规模化标准化生产场景下的信息采集、传输、存储、智能分析和自动控制等技术原理和方法，使读者能熟练应用智能化平台工具，利用现代网络信息技术、农业大数据和人工智能等提高工作效率和生产效益。

本书适用于畜牧相关专业本科生、研究生以及智能设备制造商、畜牧产业相关从业人员。

图书在版编目（CIP）数据

智慧牧场/姜勋平主编．--北京：高等教育出版社，2023.6

ISBN 978-7-04-058618-3

Ⅰ. ①智… Ⅱ. ①姜… Ⅲ. ①智能技术－应用－牧场管理－高等学校－教材 Ⅳ. ① S812.95-39

中国版本图书馆 CIP 数据核字（2022）第 071652 号

Zhihui Muchang

项目策划	李光跃	吴雪梅						
策划编辑	李光跃	责任编辑	张 磊	封面设计	姜 磊	责任印制	田 甜

出版发行	高等教育出版社		网　　址	http://www.hep.edu.cn
社　　址	北京市西城区德外大街4号			http://www.hep.com.cn
邮政编码	100120		网上订购	http://www.hepmall.com.cn
印　　刷	涿州市京南印刷厂			http://www.hepmall.com
开　　本	850mm×1168mm　1/16			http://www.hepmall.cn
印　　张	10.75			
字　　数	230 千字		版　次	2023年6月第1版
购书热线	010-58581118		印　次	2023年6月第1次印刷
咨询电话	400-810-0598		定　价	28.00元

本书如有缺页、倒页、脱页等质量问题，请到所购图书销售部门联系调换
版权所有　侵权必究
物 料 号　58618-00

数字课程（基础版）

智慧牧场

主编　姜勋平

登录方法：

1. 电脑访问 http://abook.hep.com.cn/58618，或手机扫描下方二维码、下载并安装 Abook 应用。
2. 注册并登录，进入"我的课程"。
3. 输入封底数字课程账号（20 位密码，刮开涂层可见），或通过 Abook 应用扫描封底数字课程账号二维码，完成课程绑定。
4. 点击"进入学习"，开始本数字课程的学习。

课程绑定后一年为数字课程使用有效期。如有使用问题，请点击页面右下角的"自动答疑"按钮。

本数字课程与纸质教材紧密配合，一体化设计，包括与智慧牧场有关的"编者导学"视频、"学习与讨论"视频、教学课件等，可为教师提供教学参考或供学生自主学习使用。

http://abook.hep.com.cn/58618

扫描二维码，下载 Abook 应用

前 言

人类社会经历了农业革命、工业革命，正在经历智能革命。畜牧智能革命的关键是信息、装备和智能在生产端集成智慧牧场。智慧牧场是以信息和知识为基础核心要素，将互联网、物联网、大数据、云计算、人工智能等现代信息技术与牧场应用场景深度融合，实现畜牧信息感知、数据存储、智能决策和智能控制，保障精准投入和个性化操作的全新畜牧生产方式。它是畜牧业发展从数字化到网络化再到智能化的高级阶段。品种、设施装备和信息技术是现代畜牧业的三大基础要素，品种是核心，设施装备是支撑，信息技术是手段。智慧牧场是这三大要素深度融合的产物。智慧牧场建设对现代畜牧业发展具有里程碑意义。

在我国政府高度重视和大力支持下，农村网络基础设施建设取得长足发展。全国 96% 的行政村于 2017 年年底连通宽带网，农村智能手机普及，网民规模达数亿人。自 2018 年全国多个省（区、市）开展了主要畜禽产品大数据试点，通过完善监测预警体系，发布畜禽产品批发价格指数、畜禽产品市场供需报告和供需平衡表，用数据管理服务引导产销。"互联网 + 畜牧"行动取得显著成效，为智慧牧场奠定了基础。同时，我国智慧牧场仍缺乏基础研究和技术积累，整体技术水平尚在初级阶段，特别缺乏高水平的专业技术人才。为此，多所涉农高校相继开设智慧农业专业、智慧牧业科学与工程专业和相应课程，《智慧牧场》教材就是在这个背景下编写的。

本教材系统讲述现代牧场实现自动化和智能化管理的技术原理和设施装备，包括绪论（智慧牧场概述）、牧场感知技术和设备、牧场信息传输技术、牧场大数据、牧场智能控制和牧场智慧信息平台。智慧牧场综合集成多种信息技术，在畜牧生产场景中实现完备的信息化基础支撑、透彻的畜牧信息感知、集中数据资源、广泛的互联互通、深入的智能控制和服务。智慧牧场在提高生产效率、经济效益和产品质量等方面具有持续的优势，对我国发展世界水平畜牧业具有重要意义。

本教材由华中农业大学、四川农业大学、西南大学、安徽农业大学、河北农业大学、内蒙古农业大学、石河子大学和河南牧业经济学院等高校共同编写。在成书过程中受到校方和高等教育出版社的鼓励和支持，作者在此一并致谢。

姜勋平
2022 年 10 月于武汉

目 录

第 1 章　绪论 ………………………………… 001
1.1　我国智慧畜牧现状 …………………… 002
1.2　国外智慧畜牧现状 …………………… 004
　1.2.1　德国高端制造加速精准畜牧业… 004
　1.2.2　美国信息化支撑畜牧业发展 … 004
　1.2.3　法国意在打造大牧业数据体系… 004
　1.2.4　英国大数据整合精准牧业 …… 005
　1.2.5　日本互联网振兴牧业 ………… 005
1.3　智慧牧场特征和体系结构 …………… 005
1.4　我国智慧牧场发展对策及措施 ……… 006
思考题……………………………………… 007

第 2 章　牧场感知技术和设备 ……………… 009
2.1　传感器基础 …………………………… 010
　2.1.1　传感器的定义与特征 ………… 010
　2.1.2　传感器的分类 ………………… 012
　2.1.3　传感器的信号处理模型 ……… 019
2.2　温感设备 ……………………………… 021
　2.2.1　热电偶传感器 ………………… 021
　2.2.2　热电阻传感器 ………………… 022
　2.2.3　热敏电阻传感器 ……………… 023
　2.2.4　PN 结型温度传感器 ………… 023
　2.2.5　红外传感器 …………………… 024
2.3　光感设备 ……………………………… 025
　2.3.1　外光电效应和光电器件 ……… 026
　2.3.2　内光电效应和光电器件 ……… 026
2.4　气感设备 ……………………………… 028
　2.4.1　电阻型半导体气敏传感器 …… 028
　2.4.2　非电阻型气敏元件 …………… 029
　2.4.3　热导式气体传感器 …………… 029
2.5　湿度感知设备 ………………………… 029

　2.5.1　基本概念 ……………………… 030
　2.5.2　湿度传感器 …………………… 030
2.6　超声波感知设备 ……………………… 031
　2.6.1　超声波特性 …………………… 031
　2.6.2　超声波对超声场产生的作用 … 032
　2.6.3　超声波传感器 ………………… 032
　2.6.4　超声波诊断仪 ………………… 032
2.7　传感器的选择原则 …………………… 033
2.8　传感系统集成应用 …………………… 034
　2.8.1　传感器的集成化 ……………… 034
　2.8.2　集成化智能传感器系统 ……… 036
　2.8.3　传感系统在牧场中的集成应用… 039
思考题……………………………………… 041

第 3 章　牧场信息传输技术 ………………… 043
3.1　通信系统的定义与特征 ……………… 044
　3.1.1　通信系统的分类 ……………… 044
　3.1.2　通信系统的组成部分 ………… 045
　3.1.3　通信系统的主要性能指标 …… 047
3.2　信息通信的编码和路由技术 ………… 048
　3.2.1　编码技术 ……………………… 048
　3.2.2　交换技术 ……………………… 052
3.3　数据近距离传输技术 ………………… 054
　3.3.1　RS485 信号传输 ……………… 054
　3.3.2　蓝牙 …………………………… 055
　3.3.3　ZigBee 技术 …………………… 057
　3.3.4　射频识别技术 ………………… 060
　3.3.5　Wi-Fi 技术 …………………… 060
　3.3.6　无线传感器网络技术 ………… 062
3.4　低功耗广域网传输技术 ……………… 063
　3.4.1　LoRa 技术 …………………… 063

3.4.2　窄带物联网信号传输 …… 066
　　3.4.3　几种无线通信技术的比较 …… 069
思考题 …………………………………… 070

第4章　牧场大数据 ………………… 071
4.1　牧场大数据来源和种类 …………… 072
4.2　数据使用频率和数据寿命 ………… 074
4.3　数据使用策略 ……………………… 075
4.4　大数据存储 ………………………… 076
　　4.4.1　用分布式文件系统来存储海量非结构化数据 …………… 076
　　4.4.2　NoSQL 数据库存储海量无模式的半结构化数据 ………… 077
　　4.4.3　大数据的云存储 …………… 078
4.5　云计算和大数据服务模式 ………… 078
　　4.5.1　软件即服务 ………………… 079
　　4.5.2　平台即服务 ………………… 079
　　4.5.3　基础设施即服务 …………… 080
　　4.5.4　云计算的部署方式 ………… 080
　　4.5.5　虚拟化技术 ………………… 081
　　4.5.6　容器技术 …………………… 083
　　4.5.7　分布式计算系统 …………… 090
4.6　可信执行环境和访问控制 ………… 092
　　4.6.1　可信执行环境的架构 ……… 092
　　4.6.2　密码算法 …………………… 096
　　4.6.3　数据访问控制 ……………… 099
　　4.6.4　基于大数据安全的攻击与防御 … 102
4.7　大数据算法基础 …………………… 106
　　4.7.1　搜索引擎算法 ……………… 106
　　4.7.2　电子商务中的推荐算法 …… 107
　　4.7.3　机器学习算法 ……………… 108
　　4.7.4　群体计算 …………………… 111
思考题 …………………………………… 112

第5章　牧场智能控制 ……………… 113
5.1　控制技术基本原理 ………………… 114
　　5.1.1　自动控制系统基本控制方式 … 114
　　5.1.2　自动控制系统的性能指标 … 116
　　5.1.3　计算机控制系统 …………… 117
5.2　牧场智能控制基本原理 …………… 121
　　5.2.1　智能控制定义 ……………… 121
　　5.2.2　智能控制原理 ……………… 122
　　5.2.3　智能控制特点 ……………… 122
　　5.2.4　智能控制分类 ……………… 123
　　5.2.5　牧场智能控制系统 ………… 124
5.3　牧场智能控制设备 ………………… 126
　　5.3.1　环境智能控制设备 ………… 127
　　5.3.2　智能定位设备 ……………… 128
　　5.3.3　智能粪污处理设备 ………… 128
　　5.3.4　智能饲喂设备 ……………… 128
　　5.3.5　牧场智能控制设备应用实例 … 129
5.4　牧场的智能控制设备选型原则 …… 130
　　5.4.1　实用性和经济性 …………… 130
　　5.4.2　先进性和成熟性 …………… 131
　　5.4.3　标准化和开放性 …………… 131
　　5.4.4　安全性和易维护性 ………… 131
思考题 …………………………………… 132

第6章　牧场智慧信息平台 ………… 133
6.1　种畜禽信息注册和遗传评估系统 … 134
　　6.1.1　种畜禽信息注册 …………… 134
　　6.1.2　种畜禽注册和遗传评估系统的应用 …………………… 136
　　6.1.3　种畜禽注册和遗传评估系统的展望 …………………… 137
6.2　饲料管理和配方系统 ……………… 137
　　6.2.1　饲料管理和配方系统需要解决的问题 ………………… 138
　　6.2.2　饲料配方的设计 …………… 139
　　6.2.3　饲料配方相关算法 ………… 139
　　6.2.4　自动配料系统 ……………… 140
　　6.2.5　饲料管理和配方系统的应用 … 141
6.3　畜禽辅助疾病诊断系统 …………… 143

6.3.1	人工智能在辅助疾病诊断领域的应用 ………… 143	6.4.2	支持向量机算法 …………	150
6.3.2	专家系统的基本结构 ………… 144	6.4.3	随机森林算法 …………	151
6.3.3	专家系统知识的获取 ………… 145	6.4.4	卷积神经网络算法 …………	152
6.3.4	专家系统知识表示和诊断框架 … 146	6.5	智慧牧场的智能装备集成和平台化 ‥	155
6.3.5	专家系统的推理策略 ………… 147	6.5.1	智能装备的集成化 …………	155
6.3.6	禽辅助疾病诊断系统的诊断形式 ………… 147	6.5.2	智能装备的平台化 …………	157

6.4 牧场复杂工况下智能体训练和智能决策 ………… 148

6.4.1 决策树算法 ………… 148

思考题 ………… 158

推荐阅读 ………… 159

名词索引 ………… 160

第 1 章
绪　论

　　智慧畜牧（intelligent animal husbandry）是现代信息技术、自动化技术和人工智能技术与畜牧业相结合的产物，包含牧场养殖端到餐桌全程自动化、信息化和智能化。智慧牧场（intelligent livestock farm）就是应用现代信息技术、传感技术和物联网技术来进行智能管理的牧场。

　　智慧畜牧在万物互联的当下有丰富的内涵，概括起来包括两个基本的内涵：①智慧畜牧包含智慧牧场，智慧牧场是畜牧业养殖端的整体技术解决方案，即用现代先进的物联网技术采集牧场各类信息，动态监控和实时准确分析，对畜禽全生命周期进行有效的远程监控，提高精细养殖管理能力，协助管理者决策与操作。②智慧畜牧畅通产业链的信息流，即通过互联网和云技术使牧场信息互联、交易互联和消费互联，为行业组织监管和第三方服务提供基础数据和平台，对牧场和消费者进行联通，实现农场到家庭（farm to family，F2F）无缝连接。智慧畜牧本身是动态发展的，它的内涵当然也会随之丰富和发展，"会感知会思考"是智慧畜牧最有魅力之处。

本章教学课件

1.1 我国智慧畜牧现状

智慧畜牧发展符合我国战略需求。我国政府高度重视智慧农业发展，自 2012 年起历年的中央一号文件对"智慧农业"均有论述。2012 年提出推进"精准农业"技术，2015 年和 2016 年提出在"智能农业"领域突破技术，2016 年还提出大力推进信息技术，包括"互联网+、物联网、云计算、大数据、遥感"，2017 年至 2019 年连续三年提出加强"智慧农业"科技研发。特别是"十三五"以来，智慧农业成为现代化农业发展中的重要组成部分，多项政策文件中均提出要发展智慧农业及相关技术。2018 年，《中共中央国务院关于实施乡村振兴战略的意见》明确提出："大力发展数字农业，实施智慧农业林业水利工程，推进物联网试验示范和遥感技术应用。"《乡村振兴战略规划（2018—2022 年）》中强调指出，要大力发展数字农业，实施智慧农业工程和"互联网+"现代农业行动。2020 年中央网信办、农业农村部等六部门印发《关于开展国家数字乡村试点工作的通知》，部署开展国家数字乡村试点工作。经过几年发展，我国智慧农业正在从点线突破转变成系统能力提升，不断为农业农村发展注入活力。

自 2013 年起，我国陆续在五省市开展物联网区域试验，启动了一系列农业物联网项目。2017 年，国家开始实施数字农业试点项目，围绕数字农业创新中心、重要农产品全产业链大数据和数字农业试点县建设，中央累计投资 11.5 亿元，共计建设 92 个项目。通过这些项目的示范带动，物联网、大数据、人工智能等新一代信息技术在大田种植、设施园艺、畜禽养殖、水产养殖的在线监测、精准作业、数字化管理等方面得到了不同程度的应用，形成了 426 项节本增效农业物联网产品技术和应用模式。2019 年，农业农村部等四部委联合印发《关于实施"互联网+"农产品出村进城工程的指导意见》，组织实施"互联网+"农产品出村进城工程，推动建立适应农产品网络销售的供应链体系、运营服务体系和支撑保障体系，并组织开展农业电子商务"平台对接"专项行动等农产品产销对接专项活动。

截至 2019 年底，我国农产品网络零售额达到 3975 亿元。农业农村部组织实施了"金农工程"，建成国家农业数据中心、国家农业科技数据分中心及 32 个省级农业数据中心，开通运行 33 个行业应用系统，信息系统已覆盖农业行业统计监测、监管评估、信息管理、预警防控等七类重要业务。农业各行业信息采集、分析、发布、服务制度机制不断完善，实现对农情、农产品市场运行、动物疫情等重要情况的实时监测调度。推动农业农村大数据建设，积极推进粮油棉等 8 大类 15 个重点农产品全产业链大数据试点，建立"一网打尽"式市场信息发布服务窗口，为公众提供及时准确的市场信息服务。国家政策的支持使智慧畜牧得到了蓬勃发展。传统农机企业如中国一拖、雷沃重工等，互联网企业如安徽朗坤物联网、华为、京东、神州数码、农信互联等，甚至碧桂园、恒大等房地产企业都纷纷进入智慧畜牧领域，给智慧畜牧注入了新的活力。

智慧畜牧作为内生动力对解放和提高牧场生产力都非常重要。智慧畜牧已经成为我国推动乡村振兴战略实施的重要内容。智慧畜牧是牧场未来发展的大趋势，大力发展智慧畜牧对促进牧场转型升级、提高牧业质量效益和竞争力、提升我国牧业现代化水平，具有特别重要的现实意义。

当前我国处于智慧畜牧发展的机遇和挑战并存的关键时期。虽然我国智慧畜牧取得了一定进展，但仍缺乏基础研究和技术积累，整体技术水平与发达国家相差十年以上。经过多年政策布局和项目实施，我国智慧畜牧呈现出良好发展势头，但基本上处于智慧畜牧发展的初级阶段，还存在诸多问题和障碍，包括缺乏整体规划、科技投入不足、信息化技术水平不高、牧业劳动者从事智慧畜牧人才不足和意愿不高、智慧畜牧发展受要素资源影响大、创新性商业模式匮乏等。目前智慧畜牧发展面临的主要问题和挑战，主要体现在以下几个方面。

（1）智慧畜牧发展缺乏整体规划。基础建设和资金筹集缺乏有效衔接，应用技术推广没有形成规模化体系，项目落实和产业融合存在脱节现象，处于生产信息化向智慧化转变过程当中，农产品物流配送和物联网应用的运行机制缺乏整体的战略性规划。由于基础设施建设资金需求较大，信息渠道的构建需要协调各区域、各部门的资源，需要发挥政府的主导和协调作用。现有资金投入方式以政府为主，其他经济组织和部门对于智慧畜牧的资本投入的整体参与度低，多元化投入机制尚在形成。

（2）智慧畜牧发展存在技术短板。我国自主研发的牧业传感器数量少，品类约占世界的10%，稳定性较差，智能感知系统灵敏度低，终端远程控制系统和执行控制指令系统不精准。动物模型与智能决策准确度低，很多情况是时序控制而不是智能决策控制。智慧畜牧应用试点项目多数尚停留在简单的信息传输与显示上，与牧业融合深度不够，缺乏解决牧业实际问题的功能。

（3）牧场数据采集和应用整合程度低。探究影响动物病害因素、掌握畜禽产品价格波动等都需要大数据基础，采集数据越多、越完整，智能预测模型预测的准确性就越高。从目前情况来看，牧业数据采集覆盖面不足，缺乏准确性与权威性。牧业信息数据整合程度与数据标准化程度低，缺乏信息数据共享。收集数据不完整或者只能收集某种或某几种动物相关的信息，建立的智能模型、预警模型、管理信息系统的利用价值都较低。动物相关数据的收集整理成为当前牧业面临的最大挑战和障碍。

（4）牧场科技投入和信息化水平不高。我国智能化装备处于起步阶段，牧业生产的大型化、智能化和信息化机械设备少。一些高端智能化设备主要依赖进口，牧业科技化水平比较低，科技含量不高，很难实现多功能、复式、实时监测等作业，牧业生产作业效率不高。当前，我国农村信息化建设有较大进步，具备在较大范围内推广和应用物联网、互联网和大数据等新型信息技术的基础。

（5）创新性的牧业商业模式匮乏。绝大部分智慧畜牧技术还处于科研项目阶段，主要依靠政府财政支持得以持续。以物联网等为代表的智能化技术尚未在牧业领域广泛应用，急需导入市场机制，需要创新性地发展适合我国国情的商业模式，真正促使牧业信息化、现代化可持续和良性循环发展。

为此，应从顶层设计、体制机制创新、政策体系构建、基础设施建设、研发投入和专业人才培养等方面着手，营造适应智慧畜牧发展的制度环境，激活要素，激活主体,释放市场活力,为智慧畜牧发展提供加速动力。

1.2 国外智慧畜牧现状

世界上发达国家智慧畜牧发展与各国政府扶持政策密切相关。企业是具体智能技术研发和应用的主体,它们在信息化智能进程中的主动性很强。

1.2.1 德国高端制造加速精准畜牧业

德国是率先实施工业 4.0 的国家,欧洲牧业机械协会(European Agricultural Machinery Association,CEMA)在 2017 年提出未来欧洲牧业发展方向是以现代信息技术与先进农机装备应用为特征的牧业 4.0(Farming 4.0)。智慧畜牧的基本理念与工业 4.0 基本相似,需要通过物联网、大数据、云计算的应用,将数据由传感器从种植对象或养殖对象处收集,上传至数字技术综合应用平台,处理后再分发到对应农机或设备上,以提高牧业效率。

德国牧业科技含量较高。在饲养的牲畜身上安装身份识别芯片,通过身份识别芯片获得动物采食状况、产奶量等信息,从而精准地进行改良和改进。大型企业牵头研发数字牧业技术,提供一系列的技术解决方案给牧业生产者。

1.2.2 美国信息化支撑畜牧业发展

美国牧业经历了机械化、杂交种化、化学化、生物技术化后,现正向智慧畜牧方向发展。从 20 世纪 90 年代开始,美国政府每年拨款 10 多亿美元建设牧业信息网络,进行技术推广和在线应用,农村高速网络日益普及。在政府推动下先后建立和推广了一批信息系统,包括牧业信息收集发布系统、牧业教育科研推广系统、融合科技—生产—推广的公司系统、以农场为主的民间服务组织系统。

在智慧畜牧发展过程中,大量涉农信息化企业应运而生,牧业信息化体系日益完善。这些企业用政府公开发布的牧业大数据进行分析和预测,给牧业生产者提供数据服务,提高农场生产管理水平、精准耕作和饲喂水平,提高生产效率和效益。现有大量的结合物联网和人工智能的高精尖智能技术,例如航拍和卫星、GPS 技术、智能机器人、智能化农机技术、温度和湿度传感器等,形成了牧业精细化、规模化发展的智慧畜牧生产系统,约 70% 的农场用传感器采集数据,用牧业机器人播种、喷药、收割等,大幅度提升农场的运营效率。

1.2.3 法国意在打造大牧业数据体系

欧盟内法国的畜牧业体量最大,是世界第二大食品出口国。法国畜牧业信息数据库经过多年发展现已相当完备,涵盖种植、畜牧、农产品加工等领域。法国政府鼓励畜牧业数据库建设,意在打造一个集高新技术研发、商业市场咨询、法律政策保障和互联网应用等一体化的"大牧业"数据体系。

法国政府、牧业合作组织和私人企业共同承担牧业信息化建设。政府管控农产品流通秩序，定期公布牧业生产信息，根据市场价格提供生产建议。牧业合作组织为生产者提供法律、牧业科技、农场管理等领域的信息支持。私人企业提供定制化服务，提高牧业生产效率。

1.2.4 英国大数据整合精准牧业

英国政府为了应对气候变化和全球牧业竞争加剧等问题启动了"牧业技术战略"，用大数据和信息技术提升牧业生产效率。英国的牧业信息技术体系相当全面，涵盖全球定位系统、地理信息系统、空间技术与数据库、遥感系统、作物生产管理专家决策系统等，集成应用各种信息技术和信息系统。建立英国国家精准牧业研究中心（The National Centre for Precision Farming，NCPF），在欧盟 FP7（7th Framework Programme）计划的支持下实施未来农场智慧畜牧项目。研发除草机器人替代化学农药进行除草作业，实现从播种到收获全过程的机器人化牧业。建立了"牧业信息技术和可持续发展指标中心"，搭建和完善数据科学和建模平台，搜集处理产业链上行业数据。

1.2.5 日本互联网振兴牧业

日本政府重视牧业信息化体系建设，注重对农村信息化市场规划和发展政策制定，建设牧业基础设施，建立完善的牧业市场信息服务系统。例如，农产品中央批发市场管理委员会建立的市场销售信息服务系统、日本农协建立的行情预测系统，它们都有统计发布农产品生产数量和价格的服务功能。这些应用系统最初功能都比较简单，它们的发展特点就是不断完善和改进，作为载体在牧业科技中推广应用，成为牧业生产必备的科技信息支持系统。

日本制定《生鲜食品电子交易标准》，建立生产资料共同订货、发送、结算标准。日本政府高度重视牧业物联网发展，2004 年将牧业物联网建设列入政府计划，2014 年启动实施"战略性创新/创造计划（Cross-Ministerial Strategic Innovation Promotion Program，SIP）"，2015 年启动了基于"智能机械＋现代信息技术"的新一代农林水产业创造技术。它们用数字技术、传感技术和远程控制技术等建立个性化网上农场，消费者可实时自主远程精准控制自有农产品生产，获得生产体验、参与乐趣和理想的农产品。

1.3 智慧牧场特征和体系结构

关于智慧牧场的定义会随着研究视角和时代不同，具体内涵有所差异，但牧场智慧化的目标仍是提高牧场生产效率和经济效益。

智慧牧场可作为一个中心系统，通过"互联网＋牧场企业"与"互联网＋牧场产业"，依靠牧场大数据、云计算以及物联网共同组成一个完整的智慧畜牧产业链条，推动现代信息技术与牧场生产全过程的结合，形成一种新发展体系和模式。通过对信息技术的综合运用，有效连接牧场生产的各个环节，实现牧场智能化控制和智慧化管理，构建起基于数字化的新型牧场生态，彻底转变牧场生产者、消费者观念，从而最终提高生产效益和经济效益。智慧牧场的优势主要体现在以下方面。

（1）有利于科学管理牧场生产，提高牧场综合生产能力。智慧牧场物联网系统可通过大数据和云计算等技术对畜牧业相关工作和产品进行记录与追溯，有助于在牧场生产领域构建起集环境生态监管、精准饲喂为一体的自动化系统和平台，帮助生产者科学、精确地进行决策，减少生产资料投入成本、劳动力成本以及时间成本，进一步推动牧场生产的精准化管理与牧场的最大化投入产出比，全面提升牧场生产效率和资源利用率。

（2）有利于构建畜牧产品可追溯体系，确保畜牧产品质量安全。借助互联网及二维码等技术，建立全程可追溯、互联共享的畜牧产品质量和食品安全信息平台，对农产品流通过程实行全程监管，从而实现畜牧产品从田间到餐桌的全程可追溯，也有助于政府部门根据数据分析进行科学决策。

（3）有利于发展新模式新业态，提升牧场全产业链价值。随着移动互联网技术、大数据、云计算、物联网等新一代信息技术的跨界融合，智慧牧场的应用场景将会进一步拓展，在数据平台服务、精细化养殖等方面，为智慧产业链提供信息化技术支撑；推动农村电子商务、农产品众筹、农产品新零售等发展模式创新，形成基于互联网云平台的现代牧场新业态，重塑农产品产业链和价值链，推动乡村振兴和持续发展。

1.4　我国智慧牧场发展对策及措施

因人多地少，我国牧场在成本和资源方面与国外牧场比较优势较弱。因此，我国只能在集约化管理能力、集中化战略和特色产品差异化经营方面与国外牧场较量和竞争。在人力方面，我国已步入老龄化社会，牧场劳动力相对缺乏。我国的年轻一代新型消费者是在互联网中成长起来的，个性特点鲜明，个性张扬。在新型消费习惯下，牧场需要完善自己的管理体系，把生产过程充分展示给消费者的信息数据透明化策略是聪明的。

基于上述诸因素，智慧牧场应与智慧畜牧其他领域连通，并实现以下目标：通过搭建智能化牧场，一方面将员工、管理者从繁重的手工操作中解放出来，提升精细化养殖管理能力；另一方面将部分数据和生产场景公开展现给消费者，让消费者作出判断，增加其对牧场产品安全性的信心。最终通过大数据、云计算和移动商务，在这个万物互联的时代实现人与人连接、人与牧场连接、牧场与牧场连接。

政府加强政策支持和经费投入是促进我国智慧牧场发展的有力手段。政府要鼓励和引导智慧牧场的建设。鼓励养殖企业和家庭农场加大资金投入，在现有养殖条件的基础上进行信息化改造和升级。鼓励智慧牧场相关产品的研发、宣传和推广应用。在高校设立相关专业，培养专门人才。企业要加大软件研发的资金投入，要开展全面彻底的调研，还要在开拓市场上着重投入。

加速全产业链的信息构建对智慧牧场发展具有拉动作用。智慧畜牧发展需要其他行业的协同发展和支撑，如现代物流、电商平台可促进动物生产和交易。建立畜禽产品线上交易平台，可增加交易量，降低交易成本。畜牧行业涉及活体和肉品的保活和保鲜，检测机构、律师事务所和保险公司参与，提供畜禽产品的检测检验、担保、保险和法律服务，发挥智慧畜牧业的效率和效益优势作用。

思考题

1. 智慧牧场的特点是什么？
2. 智慧牧场出现的技术背景是什么？
3. 智慧牧场与普通牧场相比具有什么样的竞争优势？

第 2 章

牧场感知技术和设备

信息感知系统是智慧牧场的重要组成部分,传感器是信息感知系统的关键组成部分。智能感知是牧场环境控制的基础。畜禽舍内环境的精准实时控制是提高畜牧产量的有效手段之一。传统的方式依靠大量的人力,凭借人工经验调控畜禽舍的内部环境,已经不能满足新时代的畜牧生产模式。有自动感知设备的畜禽舍内环境自动控制设备已在现代养殖场内被广泛使用。智能感知设备也是各种智能监控设备、智能饲喂设备、智能采收设备等畜牧机器人的"眼睛"和"耳朵",在智慧牧场领域发挥着重要的作用。获取各种信息的传感器是智能感知设备的基础和关键组成部分。因此,本章重点介绍传感器的定义、分类与信号处理模型,以及温感设备、光感设备、气感设备、湿度感知设备和超声波感知设备等及其集成应用。通过了解智能感知设备的基本工作原理,可让畜牧业者在工作中更好地选择和使用智能设备。

本章教学课件

2.1 传感器基础

2.1.1 传感器的定义与特征

2.1.1.1 传感器的定义

传感器（transducer/sensor）是能感受规定的测量并按照一定的规律（数学函数）转换成可用输出信号的器件或装置，通常由敏感元件和转换元件组成。所谓敏感元件（sensing element）是指传感器中能直接感受（或响应）测量的部分，转换元件（transduction element）是指传感器中能将敏感元件感受（或响应）的测量转换成适于传输和（或）测量的电信号部分。

2.1.1.2 传感器的基本特性

传感器所测量的非电量一般有两种形式：一种是稳定的，即不随时间变化或变化极其缓慢，称为静态信号；另一种是随时间变化而变化，称为动态信号。根据输入量的状态不同，传感器所呈现出来的输入 – 输出特性也不同，即静态特性和动态特性。为了降低或消除传感器在测量控制系统中的误差，传感器必须具有良好的静态和动态特性，才能使信号（或能量）按规律准确地转换。

（1）传感器的静态特性

传感器的静态特性主要有线性度、灵敏度、重复性、迟滞性、分辨率、稳定性、漂移七种性能来描述。

1）线性度

传感器的线性度是指其输出量与输入量之间的实际关系曲线偏离直线的程度，又称为非线性误差。非线性误差可用式（2-1）表示：

$$E = \pm \frac{\Delta_{max}}{Y_{FS}} \times 100\% \tag{2-1}$$

式中：Δ_{max} 表示输出量和输入量的实际曲线与拟合直线之间的最大偏差，Y_{FS} 表示输出量的量程值。

2）灵敏度

传感器的灵敏度是其在稳态下输出增量 Δy 与输入增量 Δx 的比值，即

$$S_n = \frac{\Delta y}{\Delta x} \tag{2-2}$$

对于线性传感器，其灵敏度是它的静态特性的斜率，即

$$S_n = \frac{y - y_0}{x} \tag{2-3}$$

非线性传感器的灵敏度是一个变量，是其数学模型的导数，即

$$S_n = \frac{dy}{dx} \tag{2-4}$$

3）重复性

重复性表示传感器在输入量按同一方向做全量程多次测试时,所得特性曲线不一致的程度。多次按相同输入条件测试时,输出特性曲线越重合代表其重复性越好。传感器输出特性的重复性主要受传感器机械部分的磨损、间隙、松动、部件的内摩擦、积尘,以及辅助电路老化和漂移等因素影响。

4）迟滞性

传感器的迟滞性是指传感器在输入量逐渐增大和逐渐减小时,输出-输入特征曲线的不重合程度。对于同一大小的输入信号 x,在 x 连续增大的行程中,对应某一输出量为 y_i;在 x 连续减小过程中,对应于输出量为 y_d。y_i 和 y_d 之间的差值的绝对值称为迟滞误差,可用式（2-5）表示:

$$E = |y_i - y_d| \tag{2-5}$$

5）分辨率

传感器的分辨率是在规定测量范围内所能检测输入量的最小变化量 Δx_{max}。有时也用该值相对满量程输入值的百分数（$\frac{\Delta x_{max}}{X_{FS}} \times 100\%$）表示。

6）稳定性

稳定性有短期稳定性和长期稳定性之分。传感器常用长期稳定性描述其稳定性。所谓传感器的稳定性,是指在室温条件下,经过相当长的时间间隔后（如一天、一月或一年）,传感器输出量变化的大小。因此,通常又用其不稳定度来表征传感器输出的稳定程度。

7）漂移

传感器的漂移是指由外界干扰导致输出量发生变化。漂移包括零点漂移和灵敏度漂移等。

零点漂移或灵敏度漂移可分为时间漂移和温度漂移两种。时间漂移是指在规定的条件下,零点或灵敏度随时间的缓慢变化。温度漂移是指环境温度变化而引起的零点或灵敏度的漂移。

（2）传感器的动态特性

当输入量随时间变化时传感器的输出量响应特性即是传感器的动态特性。一个动态特性好的传感器,其输出量随时间变化规律与输入量随时间变化规律相近,即输出量和输入量具有相同类型的时间函数。否则输出量将不能反映输入量变化,即无法通过输出量对输入量进行计算。

具有良好的静态特性的传感器,未必具有良好的动态特性。这是由于在动态（快速变化）输入信号情况下,需要传感器能迅速准确地响应输入信号变化过程的波形并在输出量中将该波形再现。动态输入量变化规律分为规律性变化和随机性变化两种。规律性变化又可分为周期性变化（正弦周期和复杂周期）和非周期性变化（阶跃函数、线性函数和其他瞬变函数）两种,非规律性变化包括平稳的随机函数和非平稳的随机函数两种。

2.1.2 传感器的分类

传感器按照工作机制可分为结构型传感器、物性型传感器和复合型传感器等。

结构型传感器是指其几何结构（如厚度、角度和位置等）在测量作用下会发生变化。这是一类通过其几何结构变化可输出与测量大小对应的电信号的敏感元件或装置。例如用于测量压力、位移、流量等的力平衡式传感器，以及振弦式、电容式、电感式等传感器均属该类。

物性型传感器是指利用物质的某些客观属性构成的传感器，其发挥功能时不依赖材料的物理形变，其性能与构成材料种类有关。这是一类由其物理特性或化学特性直接敏感于被测非电量，并可将被测非电量转换成电信号的敏感元件或装置。由于物性型传感器不依赖材料的物理结构及其结构变化来发挥功能，所以这类传感器通常具有响应速度快的特点。物性型传感器多以半导体为敏感材料，因此易于集成，具有小型化、智能化等特点。所有半导体传感器，以及其他一切由因环境发生变化可导致自身性能发生变化的材料制成的传感器都属于物性型传感器。

复合型传感器是指将中间转换元件与物性型敏感元件复合而成的传感器。之所以要用中间元件，是因为只有少数被测非电量（如形变、光、磁、热、水分和某些气体）可直接利用某些敏感材料的物质特性转换成电信号。因此，必须将那些不能直接转换成电信号的非电量转换成上述少数被测非电量中的一种，才能利用相应的物性型敏感元件将其转换成电信号。

传感器按照被测量可分为物理量传感器、化学量传感器、生物量传感器等。按照《传感器通用术语》（GB/T 7665—2005），上述传感器定义如下：

物理量传感器（physical transducer/sensor）是能感受规定物理量并转换成可用输出信号的传感器。物理量传感器分为机械量传感器、热学量传感器、光学量传感器、磁学量传感器、电学量传感器、声学量传感器、核辐射传感器。

化学量传感器（chemical transducer/sensor）是能感受规定化学量并转换成可用输出信号的传感器。化学量传感器分为气体传感器、湿度传感器、离子传感器。

生物量传感器（biological transducer/sensor）是能感受规定生物量并转换成可用输出信号的传感器。

2.1.2.1 电阻式传感器

（1）绕线式电位器电阻传感器

电阻丝缠绕在绕线上，如绕线截面积均匀，则电阻（R）变化均匀（线性变化）。图 2-1 中的 U_i 为工作电压，U_0 为负载电阻 R_X 两端的输出电压，X 为绕线式电位器电刷移动的长度，L 为其总长度，对应于电刷移动量 X 的电阻值为 R_X。

若电位器为空载，即负载电阻 R_L 无穷大（$R_L=\infty$）时，根据分压原理可得：

$$U_0 = U_i \frac{R_X}{R} = U_i \frac{X}{L} = S_V x \qquad (2\text{-}6)$$

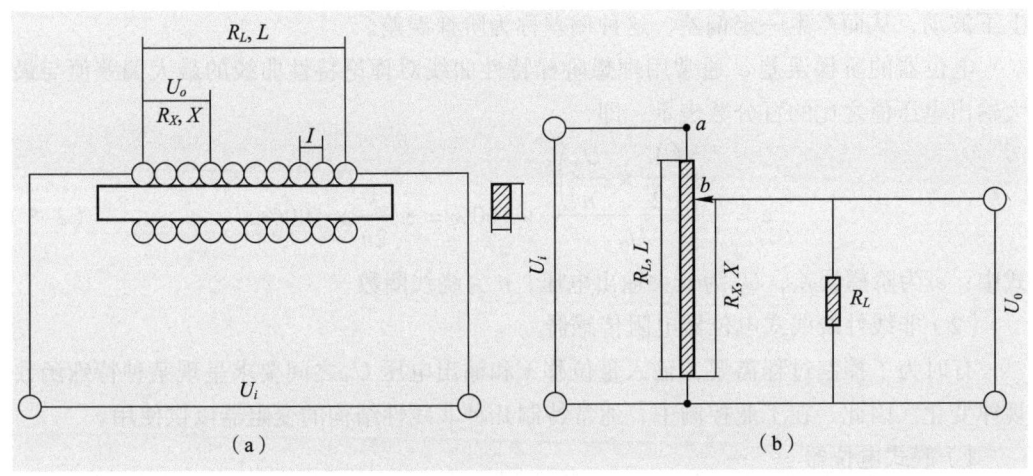

图 2-1 绕线式电位器电阻传感器工作原理图

L—绕线电阻的总长度；R—总电阻值；X—电刷移动的长度；R_X—电刷移动部分的电阻值；U_0—负载电阻两端的电压；U_i—整个绕线电阻两端的电压（工作电压）；R_L—负载电阻。

1）绕线式电位器电阻传感器的阶梯特性

由绕线式电位器结构可知，当电刷在变阻器的线圈上移动时，电位器的阻值随电刷从一圈移动到另一圈是不连续变化的，因此输出电压 U_0 也不连续变化，而是跃阶式地变化（图 2-2a）。电刷每移动一匝线圈使输出电压产生一次跳动，移动 N 匝，则使输出电压产生 N 次电压阶跃。

2）绕线式电位器电阻传感器的电压分辨率

绕线式电位器的电压分辨率是指电刷从绕线的一圈移动到另一圈时电压变化量与最大输出电压之比的百分数。

对于具有理想阶梯特性绕线电位计，其理想的电压分辨率为：

$$R_c = \frac{\dfrac{U_0}{n}}{U_0} \times 100\% = \frac{1}{n} \times 100\% \qquad (2-7)$$

式中：R_c 为电压分辨率，U_0 为最大电压，n 为绕线圈数。

3）绕线式电位器电阻传感器的阶梯误差

理论特性曲线如图 2-2b 所示，它是一条直线，实际特性曲线会围绕理论特征曲线

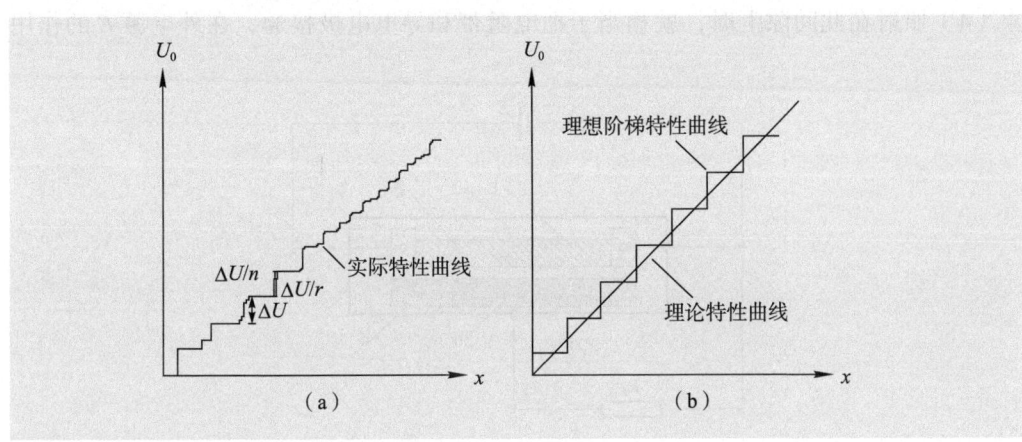

图 2-2 绕线式电位器电阻传感器的阶梯特性

（a）实际特性曲线。
（b）理论特性曲线。

上下波动，从而产生一定偏差，这种偏差称为阶梯误差。

电位器的阶梯误差 e_i 通常用理想阶梯特性曲线对理论特性曲线的最大偏差值与最大输出电压值之比的百分数表示，即

$$e_i = \frac{\pm \left(\frac{1}{2} \times \frac{U_0}{n} \right)}{U_0} \times 100\% = \pm \frac{1}{2n} \times 100\% \qquad (2\text{-}8)$$

式中：e_i 为阶梯误差，U_0 为最大输出电压，n 为绕线圈数。

（2）非线性绕线式电位器电阻传感器

有时为了控制过程需要，输入量位移 x 和输出电压 U_0 之间要求呈现某种特殊函数规律变化。因此，在工业控制中，通常特制几种非线性结构的变阻器以供使用。

1）膜式电位器

膜式电位器通常有两种：一种是碳膜电位器，另一种为金属膜电位器。

碳膜电位器是在绝缘骨架表面均匀喷涂电阻液，并经烘干聚合后形成电阻膜而制成的电位器。电阻液由石墨、碳墨、树脂材料配制而成。这种电位器的优点是分辨率高、耐磨性较好、工艺简单、成本较低、线性度较好，缺点是接触电阻大、噪声大。

金属膜电位器是在玻璃或胶木基体上，用高温蒸镀或电镀方法，涂覆一层金属膜而制成。用于制作金属膜的合金为锗铑、铂铜、铂铑、铂铑锰等。这种电位器的优点是受温度影响小，在高温下可工作；缺点是耐磨性差、功率小、阻值不高（1～2 kΩ）。

2）导电塑料电位器

这种电位器由塑料粉及导电材料（合金、石墨、碳黑等）的粉末压制而成，它又被称为实心电位器。其优点是：①耐磨性较好，电刷允许的接触压力大（几十至几百克）；②适用于震动、冲击等恶劣条件下工作；③阻值范围大，能承受较大的功率；④寿命长。缺点是受温度影响较大、接触电阻大、精度不高。

3）光电电位器

光电电位器结构如图 2-3 所示，在基体（氧化铝）上沉积一层硫化镉或硒化镉光电导层，然后在基体上沉积一条金属导电条作为导电电极，并在光电导层（1）之下沉积一条薄膜电阻带（3），并使电阻带和导电电极（5）之间形成一间隙，当电刷的窄光束（4）照射在此间隙上时，就相当于把电阻带和导电电极接通，在外电源 E 的作用

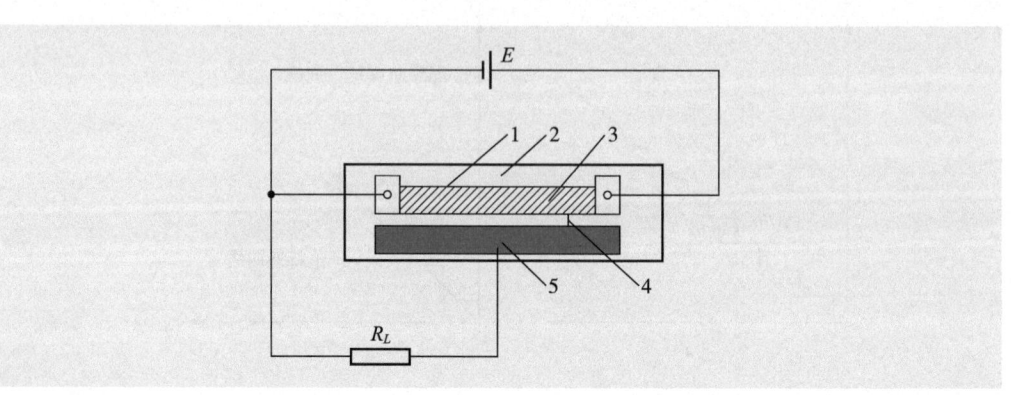

图 2-3　光电电位器原理图

1—光电导层；2—基体；3—薄膜电阻带；4—电刷的窄光束；5—导电电极。

下，负载电阻 R_L 上便有电压输出，而在无光束照射时，因其暗电阻极大，可视为电阻带与导电电极之间断路，如此，输出电压随着光束位置的移动而变化。

光电电位器的优点是耐磨性好，精度、分辨率高，寿命长，可靠性好，阻值范围宽等；缺点是结构复杂，工作温度的范围比较窄（小于150℃），输出电流小，输出阻抗高等。

（3）应变式电阻传感器

应变式电阻传感器是目前用于测量力、力矩、压力、加速度等物理量最广泛的传感器之一。其测量原理是导体或半导体材料在受到外界力（拉力或压力）作用时，产生机械形变，进而可导致其阻值变化。这种因形变而使其阻值发生变化的现象称为"应变效应"。

1）应变式电阻传感器基本结构

电阻应变片种类繁多，但其基本结构大体相似，现以金属丝绕式应变片结构为例加以说明，其结构示意图如图2-4所示。将金属电阻丝粘贴在基片上，上面覆一层薄膜，使它们变成一个整体，即成为电阻应变片。

2）应变式电阻传感器的灵敏系数

应变式电阻传感器的灵敏系数是单位应变所能引起的电阻的相对变化量。

3）应变式电阻传感器的测量原理

用应变式电阻传感器测量时，在外力作用下，其应变片会发生微小的机械形变，导致其电阻也发生相应变化。电阻值变化量随被测对象的应变值线性变化，当测得应变片电阻值变化量 ΔR 时，便可得到被测对象的应变值 ε，根据应力和应变的关系，得到应力值 σ 为：

$$\sigma = E\varepsilon \tag{2-9}$$

式中：σ 为试件的应力值，ε 为试件的应变值，E 为时间材料的弹性模量（kg/mm^2）。

由此可知，应力值 σ 正比于应变值 ε，应变值正比于电阻值变化，所以应力值正比于电阻值变化，这就是利用应变片测量应变的基本原理。

4）应变式电阻传感器中电阻应变片的种类

电阻应变片品种和形式多样，常用的应变片有两类：金属电阻应变片和半导体电阻应变片。

金属电阻应变片可根据需要制成各种形状，其主要结构形式有丝式和箔式两种。

半导体应变片是用半导体材料制成，基于半导体材料的压阻效应发挥功能。所谓

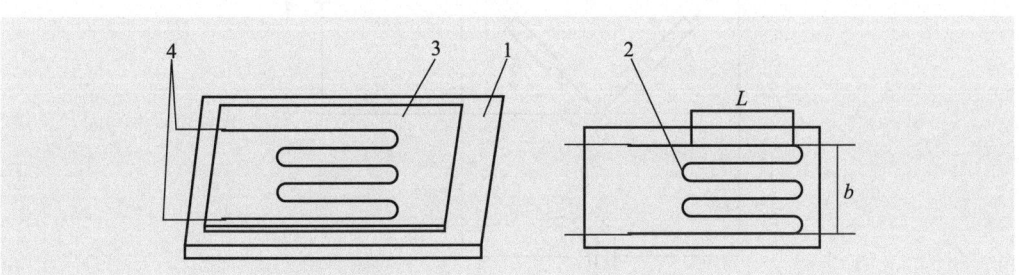

图2-4 电阻应变片结构示意图

1—基片；2—直径为0.025 mm左右的高电阻率合金电阻丝；3—覆盖层；4—引线，用以和外接导线连接；L—敏感栅长度；b—敏感栅宽度。

压阻效应是指当半导体材料的某一轴向受外力作用可导致其电阻率 σ 发生变化的现象。半导体应变片的压阻效应具有各向异性特征，即在不同方向对半导体应变片施加相同大小的压力时，其电阻值变化不同。

5）应变式电阻传感器的测量电路

由于应变式电阻传感器的机械形变和电阻值变化一般都很小，需要设计专用的测量电路把微小电阻值相对变化量转换为电压或电流变化。以下介绍常用的几种测量电路。

用于测量应变式电阻传感器电阻变化的电桥电路通常有直流电桥和交流电桥两种。评价电桥电路好坏的主要指标是电桥电路的灵敏度、非线性和负载特性的好坏。直流电桥如图 2-5 所示。

当 $\dfrac{R_1}{R_2} = \dfrac{R_3}{R_4}$ 时，电桥达到平衡，即 $U_0=0$，将 R_1 由应变片来代替，微小应变引起微小电阻变化，电桥则输出不平衡电压的微小变化，即将电阻变化转化为可测量的电压变化。该电路中输出电压与电阻变化的关系是非线性的，实际的非线性曲线与理想的线性曲线的偏差称为绝对非线性误差。可通过将 R_1 和 R_2 改成应变片，或将 R_1、R_2、R_3 和 R_4 均改成应变片，形成差动电桥减少非线性误差。

由于应变电桥输出电压很小，一般都要加电压信号放大器后才能检测。由于直流电压放大器易于产生零漂，即当放大电路输入信号为零时，受温度等因素影响使得输出电压发生变化并被逐级放大和传输，导致电路输出端电压偏离原始固定值而上下浮动。交流放大器可减少零漂。因此，也常用交流电桥检测电阻应变片阻值变化。由于供桥电源为交流电源，引线分布电容使得桥臂的 4 只应变片均呈现复阻抗特性，即相当于 4 只应变片各并联了 1 只电容。但分析电桥平衡和输出电压方法仍与直流电桥相同，电桥平衡条件为：

$$\dfrac{Z_1}{Z_2} = \dfrac{Z_3}{Z_4}$$

图 2-5 直流电桥

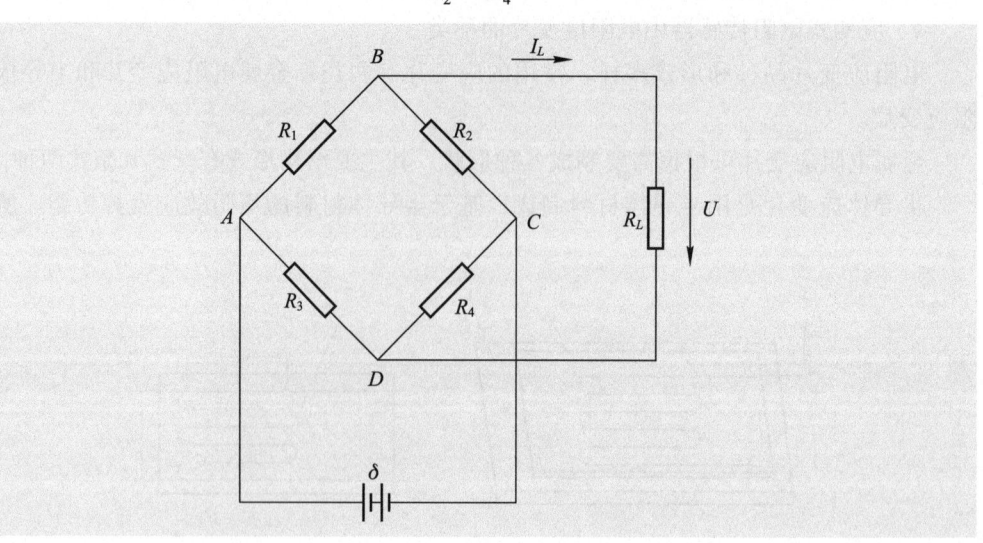

式中：Z_1、Z_2、Z_3、Z_4 为电阻、电感、电容任意组合的复阻抗。

2.1.2.2 电容式传感器

（1）电容式传感器基本工作原理

电容式传感器以各种类型的电容器作为传感元件，它可将被测物理量转化为电容量，其实质是一个具有可变参数的电容器。电容是由两个电极和不导电的电介质组成。电容器的电极一般为金属平行板，电介质一般为空气，如图2-6所示。

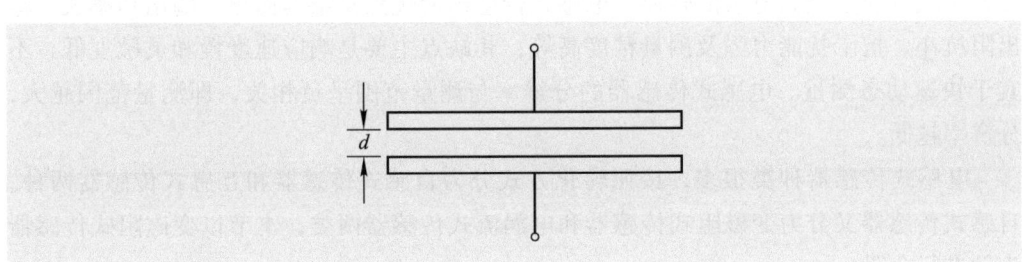

图2-6 平行板电容器

由两个平行板组成的电容器的电容为：

$$C = \frac{\varepsilon A}{d} \tag{2-10}$$

式中：ε 为电容极板间介质的介电常数，A 为两平行板所覆盖的面积，d 为两平行板之间的距离，C 为电容。

当被测物理量使得式（2-10）中的 A、d 或 ε 发生变化时，电容 C 也随之变化。如果保持其中两个参数不变而仅改变另一个参数，就可通过检测电容变化计算该参数变化量。

（2）电容式传感器结构

按照将机械位移转变为电容变化的基本原理，通常把电容式传感器分为极板面积变化型、极距变化型和介质变化型三类。这三种类型又可按位移的形式分为线位移和角位移两种。传感器的形状主要有平板型和圆筒型两种。

绝大多数电容式传感器可制成一极多板的形式。N 层重叠板组成的多片型电容传感器具有同面积的单片电容器的 $N-1$ 倍的电容。多片型电容传感器相当于一个大面积的单片电容传感器，但是它的尺寸更小。

在实际使用中，电容式传感器常以平行板间距 d 为变量进行检测，因为这样获得的电容式传感器测量灵敏度高于改变其他参数获得的测量灵敏度。改变平行板间距 d 的传感器灵敏度为微米数量级，而改变面积 A 的传感器灵敏度一般为厘米数量级。畜牧生产过程中应根据灵敏度要求和具体使用场景选择适合的电容式传感器。

（3）电容式传感器的测量电路

电容式传感器的测量电路分为调频测量电路和谐振式电路两种。

调频测量电路把电容式传感器作为振荡器谐振回路的一部分。当测量导致电容发生变化时振荡器的振荡频率就会发生变化，可将频率变化转变为振幅变化，经过放大后就可通过仪表显示出来。

谐振式电路把电容传感器作为谐振回路中调谐电容的一部分。谐振回路通过电感耦合，从稳定的高频振荡器取得振荡电压。当传感器电容发生变化时，使得谐振回路的阻抗发生相应变化，导致整流器电流变化。通过检测电流即可指示测量的大小。

2.1.2.3 电感式传感器

电感式传感器是利用电磁感应把被测的物理量如位移、压力、流量、振动等转换成线圈的自感系数 L 或互感系数 M 变化，再由测量电路转换为电压或电流变化量输出，实现从非电量到电量的转换。电感式传感器的优点是结构简单、输出功率大、输出阻抗小、抗干扰能力强及测量精度高等；其缺点主要是响应速度慢和灵敏度低，不宜于快速动态测量。电感式传感器的分辨率与测量范围呈负相关，即测量范围越大，分辨率越低。

电感式传感器种类很多，按照转化方式分为自感式传感器和互感式传感器两种。自感式传感器又分为变磁阻式传感器和电涡流式传感器两类，本节以变磁阻式传感器为例进行介绍。

（1）变磁阻式传感器

变磁阻式传感器结构如图 2-7 所示。它由线圈、铁芯和衔铁三部分组成。铁芯和衔铁都由导磁材料制成。在铁芯和活动衔铁之间有气隙，气隙厚度为 d。传感器的运动部分与衔铁相连。当衔铁移动时，气隙厚度 d 发生变化，从而使磁路中磁阻变化，导致电感线圈的电感值变化，这样可判别被测量的位移大小。

变磁阻式传感器的测量电路有交流电桥式、交流变压器式和把传感器作为振荡桥路中一个组成元件的谐振式等几种。

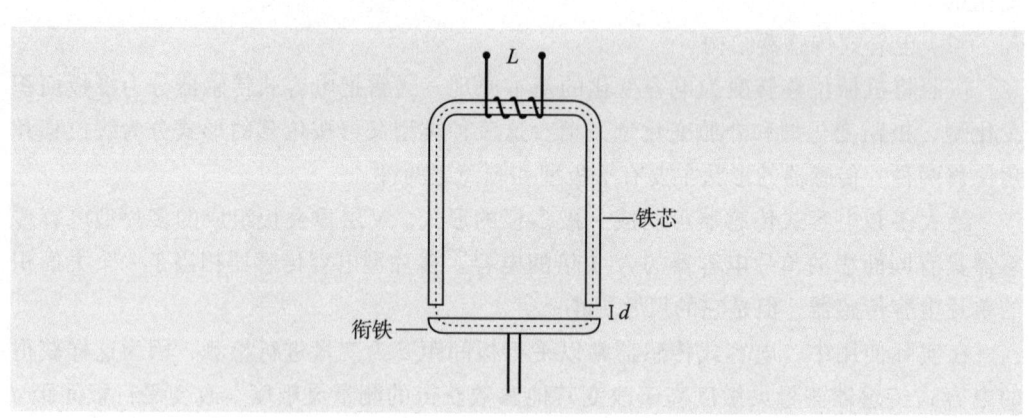

图 2-7 变磁阻式传感器的基本结构

（2）互感式传感器

互感式传感器利用电磁感应中的互感现象，将被测位移量转换成线圈互感变化，进而检测位移量大小。由于互感式传感器常用两个次级线圈组成差动式，因此又被称为差动变压器式传感器。

互感式传感器的检测原理是：当衔铁在中间位置时，两个次级线圈的互感相同，产生的电动势也相同，反向串联的差动输出电压为零；当衔铁移向两个次级线圈其中一边时，则移近侧绕组中的互感变大，另一侧互感变小，反向串联的差动输出电压不为零。定义移向某一侧为正方向，移向相反侧输出电压反相。差动变压器的电压输出随衔铁的移动量变大而变大。

差动变压器输出的是交流电压，常用差动整流电路和相敏检波电路检测。

2.1.2.4 压电式传感器

压电式传感器是以某些物质的压电效应为基础制作的传感器。压电效应是某些材料特有的性质，对这些材料的某一个方向施加压力或拉力，并使材料产生形变时，材料的两个表面将产生电势差（电压）。当外力去掉后，材料又重新回到不带电状态。这种压力导致材料产生电势差的现象被称为压电效应。这些材料还可能将电势差转化为机械能（材料形变）。当在这些材料的极化方向上施加电场时，可让该材料产生机械形变，外加电场消失后，该物质形变随之消失。这种将电势能导致材料形变的现象称为"逆压电效应"。

压电材料可分为压电晶体和压电陶瓷两大类。压电晶体一般为石英晶体，压电陶瓷一般为具有铁电性的晶粒组成的极化处理的多晶聚集体。它们都具有较好特性，即具有较大的压电常数、机械强度高、固有振荡频率稳定、时间和温度稳定性好等。

压电式传感器主要依赖压电材料的压电效应进行检测，因此常用来测量压力和位移、加速度等与压力有关的物理量。

压电效应产生的电荷只有在测量电路电阻无限大时才能保证无泄漏。否则会由于电荷泄露而导致电势降低，导致外力消失后材料形变无法完全复原。实际上不可能在测量电路中加入阻值无限大的电阻，所以需要在压电传感器上施加交变力，以还原压电材料在测量电路中流失的电荷。因此，压电式传感器只能动态测量，而不宜做静态测量。

为了降低压电式传感器的测量误差，需要增大负载电阻以减小测量电路中的电流，进而降低压电材料两端的电势损耗。因此，需要先在压电式传感器的输出端接入一个输入阻抗很高的前置放大器，然后再接入一般的放大器。前置放大器的作用有：①将传感器输出的微弱信号放大；②将传感器产生的高阻抗输出转变为低阻抗输出。压电式传感器的前置放大器有电压放大器和电荷放大器两种。

2.1.3 传感器的信号处理模型

传感器的数学模型是指表征传感器的输出量和输入量之间数学关系的方程式或函数。了解传感器的数学模型有助于了解传感器的设计原理、校正方法等，最重要的是它可指导我们正确地选择和使用传感器。通常需要分别建立传感器的静态输入–输出关系的数学模型和动态输入–输出关系的数学模型。但是很难准确系统地建立传感器的数学模型。通常先近似地推导建立传感器的初步数学模型，然后再经过多次模拟试验调整模型参数，以建立传感器的最终数学模型。

2.1.3.1 传感器信号处理的静态模型

传感器信号处理的静态模型是指在输入信号强度不随时间变化的情况下，描述传

感器输出与输入量间函数关系的模型。如果不考虑蠕动效应和迟滞特性,传感器信号处理的静态模型一般可用以下多项式来表示:

$$y = a_0 + a_1 x + a_2 x^2 + a_3 x^3 + \cdots + a_n x^n \tag{2-11}$$

式中:x 为输入量;y 为输出量;a_0 为无输入时的输出,即零位输出;a_1 为传感器线性灵敏度,常用 K 或 S 表示;a_2、a_3、$\cdots$、a_n 表示非线性项的待定系数。

传感器的静态模型有以下三种特殊形式:

$$y = a_0 + a_1 x \tag{2-12}$$

$$y = a_0 + a_1 x + a_2 x^2 + a_4 x^4 + \cdots + a_n x^n \tag{2-13}$$

$$y = a_0 + a_1 x + a_3 x^3 + a_5 x^5 + \cdots + a_n x^n \tag{2-14}$$

式(2-12)是理想的线性模型,特征曲线是一条关于坐标点(0,a_0)对称的直线,表示传感器输出和输入量呈严格的线性关系。

式(2-13)是无奇次非线性项模型,特征曲线不具有对称性,线性范围较窄,所以传感器设计时很少用这种特性。

式(2-14)为无偶次非线性项模型,特征曲线关于坐标点(0,a_0)对称,在坐标点(0,a_0)附近有较宽的线性区域。

由式(2-11)可知

$$y_{(x)} - y_{(-x)} = 2(a_1 x + a_3 x^3 + a_5 x^5 + \cdots) \tag{2-15}$$

由式(2-11)变换产生的式(2-15)为无偶次非线性项模型,在原点附近有较宽的线性区域。因此,两个传感器接成差动形式可拓宽线性范围。

2.1.3.2 传感器信号处理的动态模型

传感器信号处理的动态模型是指传感器在动态信号(输入信号强度随时间而变化)作用下,描述其输出和输入信号关系的数学模型。传感器信号处理的动态模型通常用微分方程和传递函数等来描述。

绝大多数传感器都属模拟(连续变化)系统之列。描述模拟系统的一般方法是用微分方程。在实际的模型建立过程中,一般用线性时不变系统理论描述传感器的动态特性,即用线性常系数微分方程表示传感器输出量 y 和输入量 x 的关系。其通式如下:

$$a_n \frac{d^n y}{dt^n} + a_{n-1} \frac{d^{n-1} y}{dt^{n-1}} + \cdots + a_1 \frac{dy}{dt} + a_0 y = b_m \frac{d^m x}{dt^m} + b_{m-1} \frac{d^{m-1} x}{dt^{m-1}} + \cdots + b_1 \frac{dx}{dt} + b_0 x \tag{2-16}$$

式中,a_n、a_{n-1}、$\cdots$、a_0 和 b_m、b_{m-1}、$\cdots$、b_0 为传感器结构参数(是常量)。

对于复杂系统,其微分方程的建立和求解都是很困难的。为了简化计算,通常用一些足以反映系统动态特性的函数,将系统输出与输入联系起来。这些函数有传递函数、频率响应函数和脉冲响应函数等。本章主要介绍传递函数。

如果 $y_{(t)}$ 在 $t \leq 0$ 时,$y_{(t)} = 0$,则 $y_{(t)}$ 的拉普拉斯(拉氏)变换可定义为:

$$y_{(t)} = \int_0^\infty y(t) e^{-st} dt \tag{2-17}$$

式中:$S = \delta + j\omega, \delta > 0$;$S$ 是复数频率,ω 频率为实数。对式(2-16)两边取拉氏变换,则得:

$$Y(S)(a_nS^n + a_{n-1}S^{n-1} + \cdots + a_0) = X(S)(b_mS^m + b_{m-1}S^{m-1} + \cdots + b_0)$$

我们定义输出量 $y(t)$ 的拉氏变换 $Y(S)$ 和输入量 $x(t)$ 的拉氏变换 $X(S)$ 的比为该系统传递函数 $H(S)$：

$$H(S) = \frac{Y(S)}{X(S)} = \frac{b_mS^m + b_{m-1}S^{m-1} + \cdots + b_0}{a_nS^n + a_{n-1}S^{n-1} + \cdots + a_0} \quad (2-18)$$

对式（2-18）进行拉氏变换的初始条件是 $t \leq 0$ 时，$y_{(t)} = 0$。这对于传感器被激励之前所有的储能元件如质量块、弹性元件、电气元件均符合上述初始条件。从式（2-20）可知，$H(S)$ 与输入量 $x(t)$ 无关，只与系统结构参数 a_i、b_i 有关。因此，$H(S)$ 可简单而恰当地描述其输出与输入关系。

传统传递函数如图 2-8a 所示，若传感器由 r 个环节串联而成，如图 2-8b 所示，其等效传递函数为：

$$H(S) = H_1(S) \times H_2(S) \times \cdots \times H_t(S) \quad (2-19)$$

若传感器由 p 个环节并联而成，如图 2-8c 所示，其等效传递函数为：

$$H(S) = H_1(S) + H_2(S) + \cdots + H_p(S) \quad (2-20)$$

式中：$H_n(S)$ 为第 n 个环节传递函数。

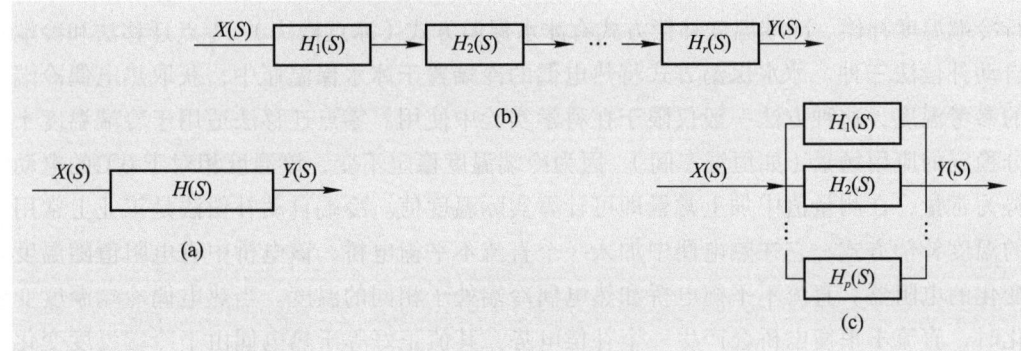

图 2-8 传感器传递函数框架图
（a）传递函数框图。
（b）串联。（c）并联。

2.2 温感设备

2.2.1 热电偶传感器

热电偶传感器根据热电效应进行测温。热电效应是指温度不同的两种金属 A 和 B 连接成闭合回路，在该回路中会自动产生电动势的现象。热电效应产生的电动势由接触电动势和温差电动势组成。接触电动势是由于两种不同的导体电子密度不同，而在导体接触处产生的电动势。温差电动势产生机制为：温度不同的导体电子能量不同，从而导致自由电子浓度也不同，其中高温端（温度为 T）的自由电子浓度要高于低温端（温度为 T_0）的自由电子浓度，导致从高温端流向低温端的电子数比从低温端流向高温端的电子多。其结果是高温端失去电子带正电，低温端获得多余的电子带负电，进而在导体两端便形成温差电动势。热电效应产生的电动势可用 $E_{AB}(T, T_0)$ 来表示。

利用热电效应原理，将两种不同金属组合起来制成的测温装置即为热电偶传感器。两种不同的金属 A 和 B 被称为热电极。其中，温度高的为工作端（热端），温度低的为自由端（冷端）。热电偶传感器可把被测温度信号转变为热电势信号，通过检测热电势大小，即可计算被测温度值。

热电偶的基本定律如下：

（1）化学成分相同的均匀材料组成的热电偶无法产生接触电势。两端温度不同产生的温差电势也会互相抵消，回路中总电势为零。应用这一定律可判断两种金属是否相同。

（2）热电偶产生热电势的大小仅与材料的性质及材料的两个端点的温度有关，与材料的形状、大小无关。

（3）如果热电偶的两个端点温度相同，则回路中热电效应产生的电势为零。

（4）如果在热电偶中插入第三种均匀材料，当插入材料两端的温度相同时，插入的材料对热电偶的总热电势没有影响。

热电偶传感器是利用工作端（热端）和自由端（冷端）的温度不同而产生的温差电势进行测温的。因此，热电偶传感器的冷端温度变化可能会导致测温不准，需要进行冷端温度补偿。冷端温度补偿方式有冰水保温方式（冰点槽法）、零点迁移法和冷端自动补偿法三种。冰水保温方式将热电偶的冷端置于冰水保温瓶中，获取热电偶冷端的参考温度，这种方法一般仅限于在科学实验中使用。零点迁移法适用于冷端温度十分稳定的应用场景（如恒温车间）。因为冷端温度稳定不变，该温度相对于 0℃ 的电动势为常量，在测量值中加上常量即可计算实际温度值。冷端自动补偿法是工业上常用的温度补偿方式，它在热电偶中加入一个直流不平衡电桥，该电桥中有电阻值随温度变化的电阻器。直流不平衡电桥和热电偶冷端处于相同的温度。当热电偶冷端温度变化时，直流不平衡电桥会产生一个补偿电势，其值正好等于热电偶由于冷端温度变化而改变的电势，从而达到自动补偿的目的。

2.2.2 热电阻传感器

热电阻传感器是利用金属导体的电阻值随温度增加而增加的特性来测量温度的。用于制备热电阻传感器的导体要具有以下特性：①电阻温度系数要尽可能大；②电阻和温度之间线性关系好；③稳定性好；④使用温度范围宽。

热电阻传感器由电阻体、保护套和接线盒等部件组成。可根据实际需要制作成各种形状，最常见的形式是将双线电阻丝绕在用石英、云母陶瓷等材料制成的骨架上。

热电阻大多由纯金属材料制成，目前应用得较多的热电阻材料是铂和铜。其中金属铂的化学性质稳定，测温精度高，即使在高温和氧化性介质中也能保持稳定。所以，它是理想的热电阻材料，被广泛用于工业测温中。铜在 $-50 \sim 150$℃ 的温度范围内电阻与温度呈线性关系，可用于制备热电阻。但是铜电阻有以下缺点：①电阻率较低；②热惯性也较大，即热电偶温度变化滞后于外部环境温度变化的时间间隔大；③高温下易氧化，特别是在100℃以上时很容易被氧化。因此，铜电阻只能用于低温以及无侵蚀性的介质中。由于金属铂价格昂贵，因此当测量精度和测温范围要求不高时，可用金属铜代替金属铂用于制备热电阻以降低成本。

2.2.3 热敏电阻传感器

热敏电阻传感器主要由热敏元件、引线和壳体组成。热敏元件属于半导体性质的电阻，是由一些按照一定比例组合的金属（如钴、锰、镍等）氧化物经高温烧结而成。它可制成珠状、片状、杆状和垫圈状等各种形状。热敏电阻温度传感器的测温精度和灵敏度高，缺点是使用温度范围窄。

热敏元件按照电阻随温度变化的典型特征可分为三种类型：①负温度系数（negative temperature coefficient，NTC）热敏电阻，是电阻值随温度增加而减小的热敏元件，它一般以锰、钴、镍和铜的氧化物为主要原料制成；②正温度系数（positive temperature coefficient，PTC）热敏电阻，是指材料的电阻随温度升高而增加的热敏元件；③临界温度电阻器（critical temperature resistor，CTR），具有负电阻突变特性，即在某一特定温度下电阻值随温度增加而急剧减少。CTR型热敏元件不适合用于测温这一应用场景。温度测量中使用最多的热敏元件是NTC型热敏电阻，PTC型热敏电阻也可用于测温。

2.2.4 PN结型温度传感器

PN结是指当N型半导体和P型半导体制作在同一个基片上时，在它们的交界面形成的空间电荷区。其中N型半导体是由掺入少量杂质磷元素（或锑元素）的硅晶体（或锗晶体）制成，其中磷原子的五个外层电子中的四个与周围的硅原子形成共价键，另外的一个电子几乎不受束缚进而成为自由电子。所以，N型半导体含较高浓度的自由电子，其导电性能主要由自由电子提供。P型半导体是由掺入少量杂质硼元素（或铟元素）的硅晶体（或锗晶体）制成，其中硼原子的三个外层电子与周围的硅原子形成共价键。由于硅原子为正四价元素，因此会产生一个"空穴"，这个空穴可通过吸引束缚自由电子来"填充"。这类半导体由于含有较高浓度的"空穴"，可吸收大量自由电子，因此能够导电。

PN结具有单向导电性，在电子技术中已被广泛用于生产各类电子器件，例如半导体二极管、双极性晶体管的物质基础就是PN结。

由于PN结的载流子（这里指自由电子）浓度与温度密切相关，导致PN结型器件的许多性能参数随温度变化而变化。因此，PN结也可被用于制作温度传感器。PN结型温度传感器与热电偶和热敏电阻传感器相比优势明显。热电偶传感器和热敏电阻传感器的输入（温度）和输出一般都不呈严格的线性关系，这给使用带来一定的困难。PN结温度传感器最大的优点是输出值随温度呈线性变化，且测温精度高。PN结型温度传感器有温敏二极管和温敏三极管两类。

2.2.4.1 温敏二极管传感器

根据 PN 结理论，由于二极管的扩散电流随温度变化而变化，所以理想的二极管的正向电压与温度之间呈线性负相关。即在一定的电流下，其正向电压随温度的升高而降低。由半导体理论可知，除扩散电流外，在 PN 结空间电荷区中还存在复合电流和表面漏电流。因此，只有复合电流和表面漏电流极低的情况下，其特性与上述理想二极管是相符合的。对于锗和硅二极管，在相当宽的一个温度范围内，其正向电压与温度之间的关系是稳定的。

2.2.4.2 温敏三极管传感器

温敏二极管的温度特性只对扩散电流成立，但实际二极管的正向电流除扩散电流成分外，还存在空间电荷区中的复合电流和表面漏电流成分。这两种电流与温度的关系不同于扩散电流与温度的关系，使温敏二极管的测温存在一定的误差。温敏三极管可消除空间电荷区中的复合电流和表面漏电流的影响，这是由于三极管在发射结正向偏置条件下，只有其中的扩散电流成分能够到达集电极形成集电极电流，而另外两种电流成分则作为基极电流漏掉，并不到达集电极。因此，表现出更好的电压-温度线性关系。

2.2.5 红外传感器

2.2.5.1 红外辐射的特点

任何温度高于绝对零度（-273.15℃）的物体都会随着自身的分子和原子的无规则运动而不停地辐射红外射线。分子和原子的运动越剧烈，辐射的红外射线能量越强；反之，辐射的能量越弱。红外探测器可将物体辐射的红外射线信号转换成电信号，通过检测电信号即可计算出物体的表面温度。

红外射线跟自然光一样，辐射到物体表面后可能会被吸收、反射或穿透物体。根据物体对红外辐射的反应不同，可将物体分为黑体、镜体、透明体和灰体。其中，黑体是指能全部吸收辐射到其表面的红外射线的物体；镜体是指能将辐射到其表面的红外射线全部反射出去的物体；透明体是指能让全部的红外射线从其内部穿透的物体；灰体是能部分反射或吸收红外辐射的物体，自然界中绝大部分物体都属于灰体。自然界并不存在严格意义上的黑体、镜体和透明体，但有些材料可近似认为是黑体、镜体和透明体。

2.2.5.2 红外辐射基本定律

（1）基尔霍夫定律

基尔霍夫定律是德国物理学家古斯塔夫·基尔霍夫于 1859 年提出的，他描述了物体辐射电磁波的发射率和吸收之间的关系。他指出一个物体向周围辐射电磁波的同时也会吸收周围物体辐射的电磁波。在同样的温度下，各物体的热发射本领正比于它的吸收本领，这就是基尔霍夫定律。可用下式表示：

$$E_r = aE_0 \tag{2-21}$$

式中：E_r 表示在单位时间内物体发射出来的辐射能量；a 表示该物体对辐射能的吸收

系数；E_0 等价于黑体在相同温度下发射的能量，它是常数。

黑体是在任何温度下全部吸收任何波长辐射的物体，黑体的吸收本领与波长和温度无关，即 $a=1$。黑体吸收本领最大，但是加热后，它的发射热辐射也比任何物体都要大。

（2）斯特藩－玻尔兹曼定律

斯特藩－玻尔兹曼定律又称为斯特藩定律，是热力学中的一个著名定律。即一个单位面积的黑体在单位时间内辐射出的总能量 E 与黑体本身的绝对温度 T 的四次方成正比，可用下式表示：

$$E = \sigma \varepsilon T^4 \tag{2-22}$$

式中：E 表示在单位面积、单位时间内辐射的总能量；σ 为斯特藩－玻尔兹曼常数，是一个常量 $[\sigma = 5.670\,373\,(21) \times 10^{-8}\,W \cdot m^2 \cdot K^{-4}]$；$\varepsilon$ 表示比辐射率，即物体的辐射本领与黑体辐射本领之比值，绝对黑体的 $\varepsilon = 1$；T 表示物体的热力学温度。

（3）维恩位移定律

热辐射发射的电磁波中包含各种波长。维恩位移定律指出物体峰值辐射波长 λ_m 与物体自身的热力学温度 T 成反比，且它们的乘积为常量。即

$$\lambda_m T = b \tag{2-23}$$

式中：$b = 0.002\,897\,m \cdot K$。

2.2.5.3 红外传感器结构

能将红外辐射的能量变化转换成电能变化的装置称为红外传感器。红外传感器可根据热电效应和光子效应制成。根据热点效应制备的红外传感器为热敏探测器；根据光子效应制备的红外传感器为光子探测器。各种波长的红外辐射对物体的加热效果是不相同的，从理论上讲，热敏探测器可吸收各种波长射线辐射的能量，它是一种对入射波长无选择的红外传感器。

光子探测器常用的光子效应有外光电效应、内光电效应（光生伏特效应、光电导效应）和光电磁效应。

红外传感器一般由光学系统、敏感元件、前置放大器和信号调制器组成。其中，光学系统是红外传感器最重要的组成部分。红外传感器的光学系统有反射式光学系统和透射式光学系统两种。其中透射红外光的光学材料比较稀有，所以反射光式学系统较为常见。

通过红外探测器将物体辐射的功率信号转换成电信号后，可通过检测电信号获得物体表面的温度。红外传感器可呈现阵列分布，并通过红外传感器阵列获得物体表面各个位点的温度。将温度数据处理后，还原成原始空间结构，即可获得物体的热像图。

2.3 光感设备

舍内光照度可能会影响动物的发情、消化代谢和生产性能。光电传感器是一种将

光照度转换为电量变化的传感器。它是通过光电效应而发挥作用的，其中光电效应分为外光电效应和内光电效应两大类。

2.3.1 外光电效应和光电器件

在光线的作用下，电子从物体表面逸出并向外发射的现象称为外光电效应。向外发射出去的电子称为光电子。基于外光电效应的光电器件有光电管、光电倍增管等。

2.3.1.1 光电管结构和工作原理

光电管有真空光电管和充气光电管两类。两者结构相似，都是由一个阴极和一个阳极构成，并被密封在一只封闭的玻璃管内。其中，阴极涂有光电子发射材料，并被安装在玻璃管内壁上，用于接收光照。阳极通常由金属丝制成，它被弯曲成矩形或圆形，并置于玻璃管的中央。光电管的阴极接收光照后，会发射光电子，处于玻璃管中央的阳极接收到从阴极上发射的光电子后，在外电场作用下会形成电流。光照度越强阴极发射的光电子越多，导致阳极形成的电流越强。因此，通过检测电流即可计算光照度。

真空光电管和充气光电管的区别是封装阴极和阳极的密封玻璃管内填充物不同。其中，真空光电管内为真空，充气光电管内充有少量的惰性气体如氩或氖等。充气光电管的阴极接收光照射后，产生的光电子会和这些惰性气体发生碰撞而使得气体发生电离进而增大了光电流。从而使得微弱的光照即可产生较强的光电流，进而增大了检测灵敏度。但惰性气体产生的电离会导致光电流发生漂移，即同样的入射光照度产生的光电流可能不一致，因而使其稳定性较差。充气光电管还具有易衰老和受温度影响大等一系列缺点。由于信号放大技术的提高，目前对于光电管产生的光电流（灵敏度）要求降低，且真空式光电管的灵敏度正在不断提高，所以目前一般用真空式光电管。

2.3.1.2 光电倍增管的原理和特性

光电倍增管常用于放大光电流信号。特别是当入射光很微弱时，光电管产生的光电流很小，必须通过光电倍增管放大后才能进行检测。

光电倍增管除光电阴极外，还有若干个倍增电极。这些倍增电极用次级发射材料制成，这种材料在具有一定能量的电子轰击下，能够产生更多的"次级电子"。通过在各个倍增电极上均加上电压，可使得两个倍增电极之间的电子加速运动。光电倍增管阴极电势最低，从阴极开始，各个倍增电极的电势依次升高，阳极电势最高。从阴极发出的光电子，在电场的加速下，依次打到各个倍增电极上。每个电子发射到倍增电极上会导致3~6个次级电子被打出，被打出来的次级电子经电场的加速后，打在下一个倍增电极上又会导致电子数量倍增。通过这种方式，阳极收到的电子数量将达到阴极发射电子数量的几万到百万倍。因此，在很微弱的光照时，它就能产生很大的光电流，检测灵敏度高。

2.3.2 内光电效应和光电器件

物体受到光照后，其电阻率发生变化或产生光生电动势的现象称为内光电效应。

内光电效应分为光电导效应和光生伏特效应两类。光电导效应是指光照导致某些材料的电子吸收光子能量后过渡到自由状态，而引起材料电导率变化的现象。基于光电导效应生产的光电器件是光敏电阻。光生伏特效应是指光照导致某些材料内部产生一定方向电动势的现象。基于光生伏特效应的光电器件有光电池、光敏二极管和光敏三极管等。

2.3.2.1 光敏电阻

光敏电阻又被称为光导管，常用硫化镉制成，另外硒、硫化铝、硫化铅和硫化铋等材料也可用于制作光敏电阻。这些材料在无光照时呈高电阻状态，在特定波长的光线照射下，其阻值会迅速减小。随着光照度的升高，光敏电阻的阻值可减少至千分之一。通过检测光照后光敏电阻的电阻值即可计算出光照度。

光敏电阻具有时延特性，即当光敏电阻受到一定强度光线照射时，需要一段时间后光电流才能达到稳定值。在停止光照后，也需要一段时间后光电流才会停止。不同材料制作的光敏电阻时延特性不同，但多数光敏电阻都具有较大的时延特性，所以不能在要求快速响应的应用场景下使用光敏电阻。

2.3.2.2 光电池

光电池是指能直接将光能转变为电动势的半导体元件。光电池通过 PN 结半导体的光生伏特效应将光能转变为电能。光线照射在 PN 结上后，若光子能量大于半导体材料的禁带宽度 E_x（禁带宽度指被束缚的电子成为自由电子需要的能量），则会在 PN 结内产生电子－空穴对，P 区产生空穴，N 区产生电子都被势垒阻挡而不能过结。使 P 型区带正电，N 型区带负电，因而 PN 结产生电势。

2.3.2.3 光敏二极管

光敏二极管结构与一般二极管相似，其管芯是一个具有光敏特征的 PN 结，具有单向导电性。工作时给光敏二极管加上反向电压，光敏二极管被装在透明玻璃外壳中，光线直接照射。在没有光线照射时，光敏二极管的反向电阻很大，反向电流很小，在没有光照时的反向电流称为暗电流。当光敏二极管受到光照时，可使 PN 结中产生电子－空穴对，使载流子（可自由流动的带电荷的微粒）的密度增加，进而增加反向电流，形成光电流。光电流强度随入射光照度增强而增强。光敏二极管的光电流与光照度之间呈线性关系，可通过检测电流大小计算光照度。

2.3.2.4 光敏三极管

光敏三极管有 PNP 型和 NPN 型两种类型。光敏三极管有两个 PN 结，两个 PN 结将半导体分成了三个部分，中间部分是基区，两侧分别是发射区和集电区。其中发射区与基区组成的 PN 结称为发射结，其结构与普通二极管相似；集电区与基区组成的 PN 结为集电结，其结构与光敏二极管相似。光敏三极管通过基区感受光信号，集电极和发射极与外接电路接通。无光照时光敏三极管处于高阻抗状态，无电流输出。当光线照射在光敏三极管集电结的基区时，会产生电子－空穴对，并使基极与发射极间的电压升高，进而形成输出电流。光敏三极管先通过光电转化将光信号转化为电信号，然后通过光电流放大使得输出电流增大，检测灵敏度高。它的缺点是响应速度比光敏二极管慢，受温度影响较光敏二极管大。

2.3.2.5 热电效应光照度传感器

光照度传感器还可根据热电效应原理设计，感应元件用绕线电镀式多接点热电堆（热电堆是指由多个热电偶串联构成的一种器件），其表面涂有高吸收率的黑色涂层。黑色涂层接收光照后会发热，发热强度与光照度成正比。传感器的热端接在感应面上，而冷端则位于传感器内部。光照后冷热端间会产生温差电势，且温差电势和光照度成正比。与热电偶传感器一样，该传感器受环境温度影响较大，需要设计温度补偿线路缓解补偿环境温度对其性能的影响。

2.4 气感设备

畜舍内的有害气体主要有氨气、硫化氢、二氧化碳和一氧化碳等，这些有害气体浓度过高会降低畜禽的健康水平和生产性能，并造成畜禽养殖场的经济损失。及时准确地检测有害气体的浓度，并在有害气体浓度超标时及时处理可提高畜禽健康状况和生产性能，增加经济效益。其中，及时准确地检测有害气体的浓度和种类是关键。气敏传感器可高效地检测畜舍内气体的种类和浓度。由于气体种类繁多且各气体理化性质差异很大，所以不可能用一种传感器检测所有类型的气体。气敏传感器通过气-电转换将气体浓度值转化为电信号来检测气体浓度。能实现气-电转换的传感器种类很多。按其组成材料可将气敏传感器分为半导体和非半导体两大类。目前实际使用最多的是半导体气敏传感器。

半导体气敏传感器按照其与气体相互作用的位置可分为表面控制型和体控制型两类。其中表面控制型气敏传感器与空气相互作用的位置在其表面，体控制型气敏传感器与空气相互作用的位置在其内部。按照半导体气敏元件变化的物理性质，可分为电阻型和非电阻型两种。电阻型半导体气敏元件是利用半导体接触气体时，其阻值的改变来检测气体的成分或浓度；而非电阻型半导体气敏元件根据其对气体的吸附和反应，使其某些有关特性变化以对气体进行直接或间接检测。

2.4.1 电阻型半导体气敏传感器

电阻型半导体气敏传感器是利用某些气体可在半导体表面进行氧化还原反应的性质制成的。这种氧化还原反应可导致气敏元件的电阻值发生变化，通过检测电阻值可计算气体浓度。其检测原理是当半导体器件被加热到稳定状态后，通过气体的自由扩散与气体接触时，部分气体分子会被蒸发掉，另一部分因产生热分解而化学吸附在半导体元件上。当半导体的功函数（功函数指把一个电子从物体内部移到表面所需要的最少能量）小于气体分子的亲和力（气体的吸附和渗透特性）时，气体分子将从半导体元件中夺得电子而变成负离子，半导体表面呈现正电荷。如果半导体的功函数大于气体分子的离解能时，气体分子将向半导体元件释放出电子而变成正离子，半导体表面呈现负电荷。氧气等具有负离子吸附倾向的气体一般为氧化型气体，它可从半导体元件中接收电子。具有正离子吸附倾向的气体一般为还原型气体，如氢气、一氧化碳、碳氢化合物和醇类等，它们可向半导体元件释放电子。

气体吸附到半导体材料上时可能会导致其电阻值发生改变。NP结半导体材料中，N型半导体材料中含有高浓度的电子，P型半导体中含有高浓度的空穴。当氧化型气体吸附到N型半导体或还原型气体吸附到P型半导体上时，气体将会吸附N型半导体的电子或中和P型半导体中的空穴，导致半导体载流子减少，而使电阻值增大。当还原型气体吸附到N型半导体上或氧化型气体吸附到P型半导体上时，气体分子会使N型半导体上的电子增加或P型半导体上的空穴增多，导致半导体中的载流子增多，使半导体电阻值下降。由于空气中的含氧量大体上是恒定的，因此氧化型气体的吸附量也是恒定的，其电阻值变化主要受还原性气体浓度影响。根据这一特性，可从其电阻值变化计算还原型气体浓度。半导体气敏元件主要用于测量还原型气体浓度，其N型材料有主要 SnO_2、ZnO、TiO 等，P型材料主要有 MoO_2、CrO_3 等。

2.4.2 非电阻型气敏元件

非电阻型气敏器件是利用金属-氧化物半导体场效应晶体管（metal-oxide-semiconductor field-effect transistor，MOSFET）的电容-电压特性变化以及阈值电压变化等特性而制成的气敏元件。MOSFET的制造工艺成熟，便于器件集成化，因而其性能稳定且价格便宜。利用特定材料还可使器件对某些气体特别敏感。

2.4.3 热导式气体传感器

热导式气体传感器将待测气体导热率通过电阻变化的形式体现出来并进行检测。其检测过程是让气体流过加热到一定温度的热敏元件，气体导热率越高，热量越容易从热敏元件中散发，导致其电阻值变小。通过检测电阻变化即可计算气体的导热率。在空气背景，遇可燃性气体时检测元件电阻变小，遇非可燃性气体时检测元件电阻变大，桥路输出电压变量，该电压变量随气体浓度增大而成正比例增大，补偿元件起参比及温度补偿作用。主要应用场所在民用、工业现场的天然气、液化气、煤气、烷类等可燃性气体及汽油、醇、酮、苯等有机溶剂蒸气的浓度检测。

2.5 湿度感知设备

畜舍小气候对畜禽的生理机能、健康状况和饲料转化率有直接或间接的影响。其中，湿度是影响畜禽生长的一个重要环境指标，不同动物对湿度的偏好性不同。畜舍湿度检测是畜舍环境监测的重要部分。

2.5.1 基本概念

绝对湿度是指每单位体积的气体所含的水蒸气质量，即绝对湿度是指气体中水蒸气的密度。由于在不同温度和大气压下，人畜对具有相同绝对湿度的空气的感受不同，所以通常不在实际应用中使用绝对湿度。

相对湿度（RH）是指气体中实际水汽压力与相同温度和相同大气压下的最大饱和水汽压的比值。相对湿度用百分数定义为：

$$\mathrm{RH} = \frac{P_\mathrm{w}}{P_\mathrm{s}} \times 100\% \tag{2-24}$$

式中：RH 为相对湿度；P_w 和 P_s 分别为在一定温度和大气压下的实际水汽压和饱和水汽压。

露点温度是指在一定的大气压和绝对湿度下，通过降低温度使得气体的相对湿度达到100%的温度，它也可定义为气体在恒压下冷却至产生雾或霜的温度。

标准大气压下水饱和蒸汽压计算公式：

$$P_\mathrm{s} = 10^{0.66077 + \frac{7.5t}{237+t}} \tag{2-25}$$

露点温度（DP）计算公式：

$$\mathrm{DP} = \frac{237.3(0.66077 - \lg P_\mathrm{w})}{\lg P_\mathrm{w} - 8.16077} t \tag{2-26}$$

式中，

$$P_\mathrm{w} = \frac{P_\mathrm{s}\mathrm{RH}}{100} \tag{2-27}$$

在绝对湿度相同时，相对湿度与绝对温度之间呈负相关，即对于相同的绝对湿度，温度越高，相对湿度越低。

2.5.2 湿度传感器

湿度传感器的关键部件是湿敏元件，主要分为水分子亲和力型和非水分子亲和力型两大类。

水分子亲和力型传感器的元件类型包括电解质湿敏元件、高分子材料湿敏元件、MOS 膜湿敏元件和 MOS 陶瓷湿敏元件等。其中氯化锂（LiCl）是电解质湿敏元件的代表。它是利用电阻值随环境相对湿度变化而变化的机制制成的测湿元件。半导体陶瓷湿敏元件通常用两种以上的金属氧化物半导体材料混合烧结成多孔陶瓷，这些材料有 $ZnO\text{-}LiO_2\text{-}V_2O_5$ 系、$Si\text{-}Na_2O\text{-}V_2O_5$ 系、$TiO_2\text{-}MgO\text{-}Cr_2O_3$ 系、Fe_3O_4 等。前三种材料的电阻率随湿度增加而下降，因此称为负特性湿敏半导瓷；最后一种（Fe_3O_4）的电阻率随湿度增加而增大，因此称为正特性湿敏半导瓷。

高分子湿敏元件有电容式湿敏元件和石英振动式湿敏元件两大类。电容式湿敏元件是根据其电容值随湿度变化的原理来测量湿度的。电容式湿敏元件是用感湿的高分子聚合物薄膜覆盖在叉指形金电极上,然后在感湿薄膜表面上再蒸镀一层多孔金属膜制成。感湿的高分子聚合物有乙酸－丁酸纤维素、乙酸－丙酸纤维素等,它们具有迅速吸湿和脱湿特性。环境湿度变化会导致感湿的高分子聚合物水分含量发生变化,进而使电容的介电常数和电容量发生变化。通过检测电容量即可计算环境湿度。石英振动式湿敏元件是在石英晶片表面涂敷聚氨酯高分子膜,膜吸湿后其质量发生变化而使石英晶片振荡频率发生变化,不同频率就代表不同湿度。

非水分子亲和力型湿敏元件分为热敏电阻式湿敏元件、红外吸收式湿敏传感器、微波式湿敏传感器和超声波式湿敏传感器四种。

2.6 超声波感知设备

超声波技术是一门以物理、电子、机械及材料学为基础的技术,是已被各行各业普遍使用的通用技术。它包括超声波产生、传播及接收的物理过程。超声波具有聚束、定向、反射和透射等特性。按超声波的应用形式可分为功率超声波和检测超声波两种。其中,使物体本身或物体的物理性质发生变化的超声波是功率超声波,用于获取信息的超声波是检测超声波。本节主要讲述检测超声波。

2.6.1 超声波特性

(1) 超声波传播速度

在气体和液体中,超声波传播速度与传输介质的密度和绝对压缩系数呈反比。其中,密度用于度量单位体积内物体的质量大小,压缩系数是描述物体压缩性大小的物理量,即压力变化引起物体体积变化的大小。超声波的传播速度可用下式表示:

$$C_{gL} = \left(\frac{1}{\rho B_a}\right)^{\frac{1}{2}} \quad (2-28)$$

式中:C_{gL} 表示超声波在介质中的传播速度,ρ 表示介质的密度,B_a 表示介质的绝对压缩系数。

(2) 超声波的反射和折射

超声波和光波一样具有反射和折射特性。当超声波传播到两种密度和绝对压缩系数不同的介质分界面上时,一部分超声波会向后传播的现象称为反射,还有一部分超声波穿过界面在相邻介质内部改变方向后继续传播的现象称为折射。

(3) 超声波的衰减

超声波在一种介质中传播时,其声压和声强会按指数衰减。

(4) 超声波的干涉

在同一种介质中传播多个超声波时,会产生波的干涉现象。

(5) 横波和纵波

超声波可分为横波和纵波,其中:横波是指传播介质的振动方向与超声波传播方向垂直的超声波，横波具有波峰和波谷；纵波是指传播介质振动方向与声波传播方向一致的超声波，纵波具有疏部和密部。

2.6.2 超声波对超声场产生的作用

（1）机械作用

超声波在传播过程中，会引起介质中各质点交替的压缩与伸张。虽然超声波使物体产生的位移和运动速度不大，但是超声场内质点的加速度与超声振动频率的平方呈正比，有时甚至会导致质点的加速度达到重力加速度的数万倍。传输介质中各质点的运动和压力变化对介质产生强大的机械效应，甚至能达到破坏介质的作用。

（2）空化作用

流体动力学中指出，存在于液体中的微气泡（空化核）会在声场的作用下振动。当声压达到一定值时气泡将迅速膨胀，然后突然闭合。在气泡闭合时会产生冲击波，使液体发生振动，这种膨胀、闭合、振动等一系列动力学过程称为声空化。这种声空化现象是超声学及其应用的基础。

（3）热学作用

如果超声波在介质中传输时被介质吸收，实际上也就是有能量被介质吸收。同时，超声波使介质产生强烈的高频振荡，这种能量能使液体、固体温度升高。超声波使两种不同介质的分界升温更明显，这是因为分界面两边的介质密度和绝对压缩系数不同，将产生反射和折射并形成驻波引起分子间的相对摩擦而发热。

2.6.3 超声波传感器

超声波传感器是能将超声波信号转换成其他信号的传感器。超声波传感器可以是超声波接收装置，也可以是超声波发射装置和接收装置的集合。超声波传感器一般将超声波信号转换成电信号。

超声波探头按其工作原理可分为压电式、磁致伸缩式、电磁式等。实际使用中压电式探头最为常见。压电式超声波探头常用压电晶体和压电陶瓷组成，它是利用压电材料的压电效应来工作的。压电效应分为正压电效应和负压电效应两类：负压电效应是指将高频电振动转换成高频机械振动，从而产生超声波；正压电效应是指将超声振动波转换成电信号，并用于检测超声波。

压电式探头主要由压电晶片、吸收块（阻尼块）和保护膜组成。压电晶片的厚度与超声频率呈反比，其形状一般为圆板形。压电晶片的两面镀有银层，可作导电的极板。阻尼块的作用是吸收超声能量，当超声波停止时使晶片尽快停止振动。没有阻尼块时，超声脉冲信号停止时晶片会继续振荡，增加超声波的脉冲宽度而降低了分辨率。

2.6.4 超声波诊断仪

超声波诊断仪的检测方式是向动物体内发射超声波（主要用纵波），由于超声波在动物体内不同组织中传播特性不同，导致动物体内不同组织反射的超声波特性不同，接收经动物各组织反射回来的超声波即可计算并显示动物体内的组织大小和分布情况。由于超声波具有操作简便、对软组织成像清晰、能够迅速获得结果且对动物无害等优点，超声波诊断仪已成为现代临床上重要的诊断工具。超声波诊断仪类型较多，最常用的有 A 型超声波诊断仪、M 型超声波心动图仪和 B 型超声波断层显像仪等。

A 型超声波诊断仪又称为振幅（amplitude）型诊断仪，它是最早应用于医学诊断的超声诊断仪。其原理是在示波器的垂直通道中增加了检波器，可把正负交变的脉冲调制信号变成单向的视频脉冲信号。发射电路在同步脉冲作用下，产生高频调幅振荡，即产生幅度调制波。发射电路一方面将调幅波送入高频放大器放大，使荧光屏上显示发射脉冲；另一方面将调幅波送到发射探头使探头产生超声波，进入动物体内的超声波经动物体内各组织反射后由探头接收并转换成电压信号，该电压信号经高频放大器放大、检波、功率放大后，荧光屏上将显示出一系列的回波，它们代表着各组织特性和状况。

M 型超声波诊断仪主要用于运动（motion）器官的诊断，常用于心脏疾病的诊断，因此又称为超声波心动图仪。它是在 A 型超声波诊断仪的基础上发展起来的一种辉度调制式仪器，它与 A 型超声波诊断仪的不同点是 M 型的发射波和回波信号不加载到示波管的垂直偏转板上，而是直接加载到示波管的阳极或阴极上，使得脉冲信号幅度高时荧光屏上的光点亮，反之光点暗。在实际操作时，将探头固定在某一部位，如心脏部位，由于心脏搏动，各层组织与探头的距离而不同，在荧光屏上会呈现随心脏搏动而上下摆动的一系列光点，当代表时间的扫描线沿水平方向，从左至右等速移动时，上下摆动的光点便横向展开，得到心动周期、心脏各层组织结构随时间变化的活动曲线。

B 型超声波诊断仪是在 M 型诊断仪基础上发展起来的辉度调制式诊断仪，其功能比 A 型和 M 型强，是全世界普遍使用的临床诊断仪。B 型超声波诊断仪与 M 型超声波诊断仪的不同之处在于：①声波发射方向不同。M 型超声波诊断仪在工作时探头和超声波发射方向均固定，B 型超声波诊断仪工作时探头或超声波束的发射传播方向不断变化。②输出的结果不同。M 型超声波诊断仪显示的是超声心动图，B 型超声波诊断仪显示的是动物组织的二维断层图像。B 型超声波诊断仪要接收两种信号：一是超声回波的强度信息，二是超声探头的位置信息。诊断仪发射和接收的超声波经电路处理后，将视频脉冲输送到存储示波管的阴极进行调辉。此外，把某一空间位置定为参考位置，偏离参考位置的角度经位置传感器转换成电压加至示波管的 X-Y 偏转板上，将偏离参考位置的角度直接显示在荧光屏上，于是在荧光屏上便可显示出动物体内器官的影像图。

2.7　传感器的选择原则

选择传感器应该考虑以下因素：①与测量条件有关的因素，包括测量的目的、测试量的选择、测量范围、输入信号的幅值、频带宽度、精度要求、测量所需要的时间。②与传感器有关的技术指标，包括精度、稳定度、响应特性、模拟量与数字量、输出幅值、对被测物体产生的负载效应、校正周期、超标准过大的输入信号保护。③与使用环境条件有关的因素，包括安装现场条件及情况、环境条件（湿度、温度、振动等）、信号传输距离、所需现场提供的功率容量。④与购买和维修有关的因素，包括价格、零配件的储备、服务与维修制度、保修时间、交货日期。

为了提高测量精度，应注意平常使用时的显示值应在满量程的 50% 左右选择测量范围，但测量范围应包含被测量可能出现的最大值。此外，还要根据使用的现场条件和传感器的检测原理合理选择传感器，并按要求规范安装。

2.8 传感系统集成应用

2.8.1 传感器的集成化

2.8.1.1 集成化的含义

集成化的含义包括：一是指把许多同样的单个传感器（图 2-9a）按一定规律进行阵列集成，比如将单个传感器进行行列集成，形成一维传感器（图 2-9b）；将单个传感器集成为矩阵形式，形成二维传感器（图 2-9c）。将传感器进行阵列集成的目的，是为了对空间参数进行测量。

二是指传感器的功能集成化。比如把传感器和其相对应的电路集成在一个芯片上，形成单片集成传感器；也可分开然后集成在不同的芯片上，最后再把不同的芯片在电路板上排列在一起，形成混合板的集成传感器。图 2-10 所示即为混合式集成压力传感器。

2.8.1.2 集成化的优点

传感器的集成化，可提高其性能，增强可靠性和经济性。基于硅集成工艺的传感器技术已成为传感器技术的一个研究热点。归纳传感器的集成化优点，列举如下：

（1）提高了传感器性能

由于用集成工艺技术，可使传感器特性均匀，各元件之间配置协调、匹配良好，不需要对其他元件进行校正和调整，从而提高其整体的性能。

图 2-9 传感器的集成化

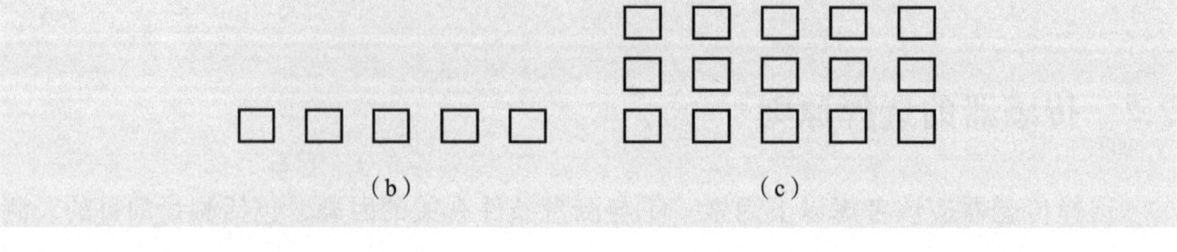

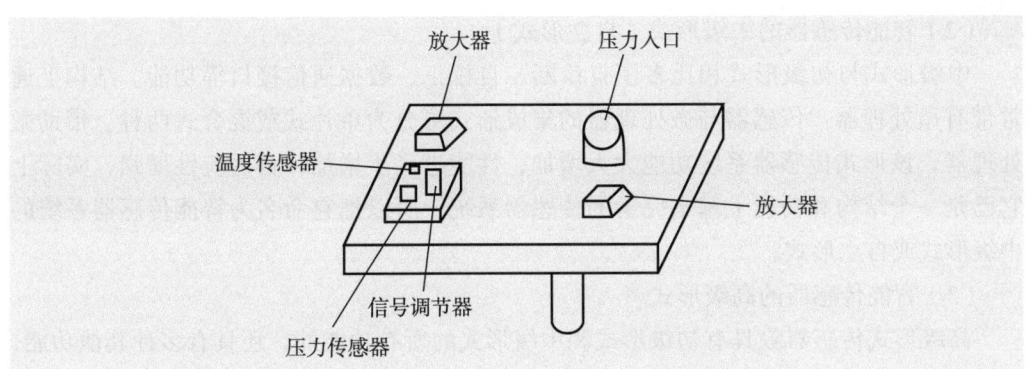

图 2-10 混合式集成压力传感器

（2）降低了传感器的生产成本

由于用集成工艺，可使生产规模化，提高了生产效率，从而降低了传感器的生产成本。

（3）提高了传感器的可靠性

传感器的集成化，使整个系统小型化，消除了传感器结构的某些不可靠因素，比如传统结构传感器的传输线所受的各种干扰，从而改善整个系统的抗干扰性能，提高工作的可靠性。

（4）促使传感器多功能化、智能化

一体化的集成结构可实现传感器的多参数检测，比如集成压力传感器可同时检测表压、差压、绝对压力以及温度等，进而可使传感器具有多种智能化功能，成为智能化集成传感器。

2.8.1.3 不同集成度智能传感器概述

集成智能传感器的基本组成框图如图 2-11 所示。它包括传感器、补偿和校正、调理电路、输入接口、微处理器和信息接口等。其集成形式分为单片集成式和混合集成式两种。初级智能的传感器只包括图 2-11 中的部分环节，而高级智能传感器则包括图 2-11 中所有环节，成为超大规模集成化的传感器。

（1）智能传感器的初级形式

这类传感器结构较简单，它的特点就是集成了温度补偿和校正电路、线性补偿电路和信号调理电路，使传感器具有相应能力，提高了经典传感器的精度和性能。此类传感器属于入门级别，智能技术含量不高，没有智能传感器系统应有的最重要的"大脑部分"——微处理器，性能继续提升受限。因此，此类智能传感器还处于初级形式。

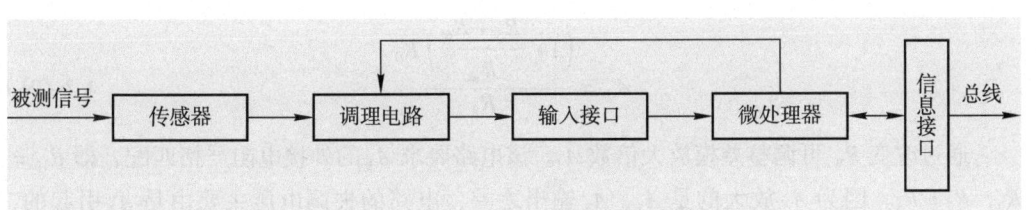

图 2-11 集成智能化的基本框图

（2）智能传感器的中级形式（自立形式）

中级形式与初级形式相比多了自诊断、自校正、数据通信接口等功能。结构上通常带有微处理器。传感器与微处理器的集成形式可分为单片式或混合式两种。借助微处理器，该形式传感器系统功能大大增加，性能进一步增加，自适应性增强，实际上它已是一个结构和功能上基本完善的传感器系统，所以把它命名为智能传感器系统的中级形式或自立形式。

（3）智能传感器的高级形式

高级形式传感器除具有初级形式和中级形式的所有功能外，还具有多种其他功能，如多维检测、图像识别、分析记忆、模式识别、自学习甚至思维能力等。它所涉及的理论领域包括神经网络、人工智能及模糊理论等。该传感系统可具备人类"五官"能力，从复苏的背景信息中提取有用信息，进行智能化处理，从而成为真正意义上的智能传感器。

虽然对智能传感器系统的形式划分标准并没有非常详细的说明，但是从传感器一路发展的历史来看，对上述智能传感器形式的划分，非常适合智能传感器变化走向。

2.8.2 集成化智能传感器系统

2.8.2.1 具有 CMOS 放大器的单片集成压阻式压力传感器

硅盒式集成压力传感器结构应用了硅盒结构，它将压敏单元与 CMOS 信号调节电路集成在同一个硅芯片上，其加工过程是先在下层硅片表面通过掩蔽腐蚀的方法形成深 10 μm，长宽各 60 μm 的凹坑，将上层硅片与下层硅片在 1 150℃高温中键合形成硅盒结构，从而在两层硅片之间生成一个参照压力空腔。然后把上面的硅片厚度调整至 30 μm，再把其表面用机器打磨光滑，使用光刻对中的方法，在标准对照物压力空腔上面的硅膜上用离子注入工艺形成压敏电桥。用标准的 CMOS 工艺在空腔外围的上层硅片上制作了 CMOS 信号放大电路，从而形成单片集成结构。

该类传感器的最大优点是，只需在单面进行操作加工，它与标准 IC 工艺做法相同，从而克服了传统硅杯型压力传感器在制作工艺上与 IC 不兼容的缺点，使压敏元件与信号调整电路的单片集成成为现实。

具有 CMOS 放大器的集成压力传感器的芯片面积只有 1.5 mm²，其电路如图 2-12 所示。R_1—R_4 组成的压阻全桥构成了力敏传感单元，每臂电阻阻值约 5 kΩ，信号放大电路有三个 CMOS 运算放大器及电阻网络组成。图 2-12 中 A_1、A_2 构成同相输入放大器，输入电阻很高，共模抑制比也很高；A_3 构成基本差动输入放大器形式，整个放大电路的差模放大倍数（A_d）为：

$$A_d = \frac{\left(1+\dfrac{R_5+R_6}{R_W}\right)R_9}{R_8} \quad (2-29)$$

通过改变 R_W 可调整差模放大倍数 A_d。该电路要求 A_3 的外接电阻严格匹配，即 $R_{10} = R_9$，$R_7 = R_8$。因为 A_3 放大的是 A_1、A_2 输出之差，电路的失调电压主要由是 A_3 引起的，

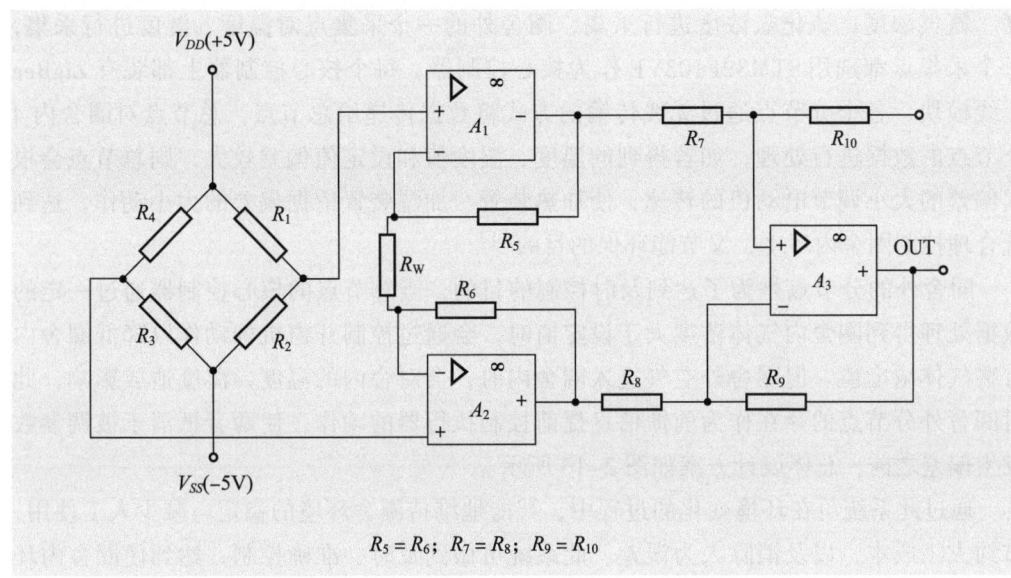

图 2-12 具有 CMOS 放大器的集成压力传感器

故降低 A_3 的增益有益于减小输出温度漂移。

对封装好的整个传感器进行了真实环境下的实际检验，结果表明这个传感器具有较高的灵敏度与精度，并且具有良好的线性。

2.8.2.2 环境传感系统集成

养殖舍环境信息智能采集系统，通过无线传感器、音频、视频和远程传输技术在线采集养殖场环境信息，实现养殖舍内环境[温度、湿度、光照、有害气体（NH_3、H_2S）等指数]信号的自动检测、传输、接收。根据现场需求不同，在不同的养殖舍内部署不同的无线传感器。

图 2-13 设计总共有 5 个采集点，圈舍内有 4 个，分别对温度、湿度、二氧化碳浓

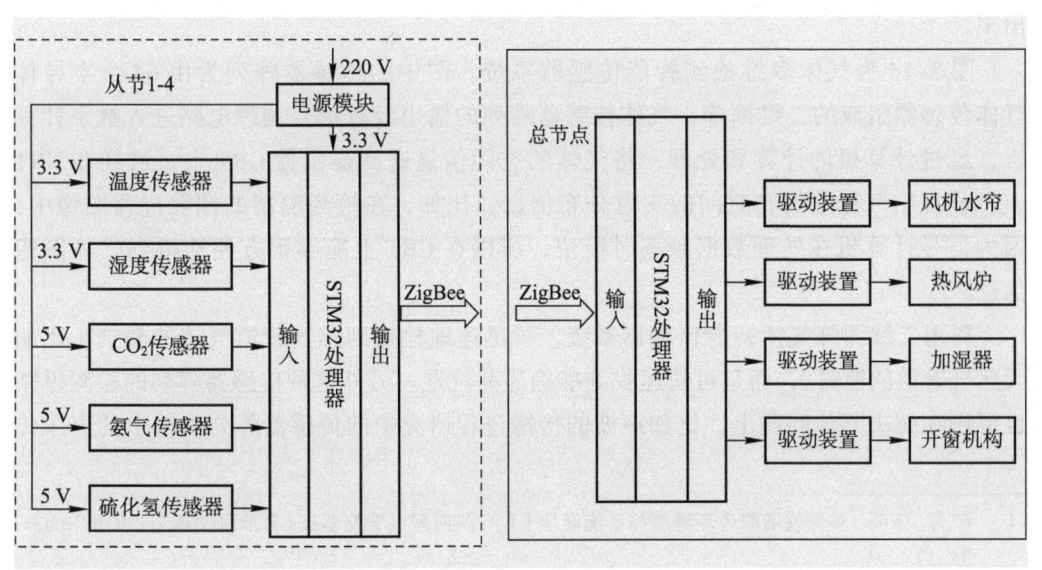

图 2-13 系统总体设计图

度、氨气浓度、硫化氢浓度进行采集，圈舍外的一个采集点对温度、湿度进行采集，每个采集点都选用 STM32F103VE 作为核心控制器，每个核心控制器上都装有 ZigBee 无线模块，各个分节点通过无线传输的方式将数据传递给总节点，总节点对圈舍内 4 个节点的数据进行处理，如若得到的温度、湿度值和设定值偏差较大，则总节点会根据偏差的大小调节电动机的转速，使加热装置、加湿装置依据偏差的大小动作，达到既合理控制圈舍内环境，又节能环保的目的[1]。

圈舍外的分节点是为了达到及时控制的目的，当总节点的核心控制器通过一定的数据处理得到圈舍内气体浓度大于设定值时，会通过控制开窗机构动作以降低圈舍内有害气体浓度值。但圈舍外空气进入圈舍内时，会对舍内的温度、湿度造成影响，此时圈舍外分节点的存在作为前馈信息提前控制执行器的动作，使两者抵消于被调参数发生偏差之前，总体设计方案如图 2-13 所示。

通过此系统可在环境变化的过程中，智能地维持圈舍环境的稳定，减少人工使用，节约人工成本，以及消除人为误差。此系统可做到及时、准确控制，达到使圈舍内环境稳定的目的。

2.8.2.3　用传感器阵列形式的智能气体传感器系统集成

当检测某种物质的空间分布信息时，人们感兴趣的不再是空间某点的信息，而是待测物质在空间和时间上的多维分布信息。比如某种化学气体，它在空间的浓度分布随时间和位置而变化，此时人们对气体在空间某处的浓度感兴趣，而空间某处的浓度由于气体分子的运动，又随时间而变化。显然此时再使用前述的单个传感器已无法满足检测需要，因为单个传感器的信号只能反映空间某处的待测信息，而不能检测气体的空间和时间分布。为检测待测物质的空间及时间信息，可将多个单传感器连成阵列来完成对待测物质的多维检测。当被测物质是可见的固体物质时，可使用固体图像传感器进行探测；当被测物体是不可见的化学气体时，可将气体传感器连成多维阵列进行探测。此时对不可见气体的较好检测方案是：通过分布信息实时地用 CRT 显现出来。

图 2-14 为气体多维检测智能传感器系统。图中的传感器阵列为由 64 个半导体气体传感器组成的二维面阵。气体传感器阵列的输出经过信号调理电路进入数字计算机，经过计算机的计算和处理，将气体的空间信息送到显示器 CRT 上，这样在 CRT 上可显现出气体空间和时间的实时分布信息。比如，在检测酒精的挥发过程图像中，因为信号计算机在处理数据频率时极快，所以在 CRT 上能够很方便地得到气体图像信息。

利用二维面阵气体智能传感器系统，可迅速地检查到燃气管道气体的漏气（比如天然气管道的泄露），而且可快速找到准确泄漏位置。另外这种传感器阵列的检测思路也可用在解决其他问题上，比如声波的传播过程研究中的传感器阵列由单个的声压传

---

[1] 江杰，王丹. 智慧牧场圈舍环境测控系统设计[J]. 陕西理工学院学报（自然科学版），2016，32(3)：35-39.

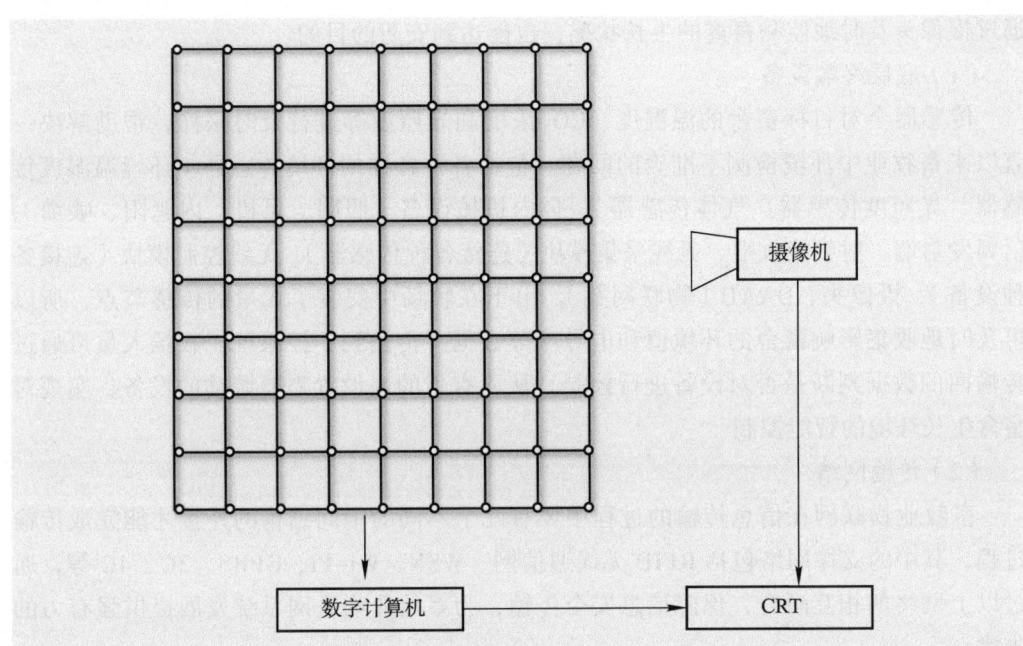

图 2-14 气体多维检测智能传感器系统

感器组成。如果对这种气体阵列形式的智能传感器进行进一步研究，使之能探测多种气体并确定气体的各种成分，则其使用价值更大。

阵列形式的智能气体传感器在家禽规模化养殖和生猪养殖中使用价值非常高。比如在家禽规模化养殖过程中，有害气体浓度过高会影响家禽的生长健康，上述单个气体传感器虽然也能达到检测有害气体的效果，但是单个传感器的信号只能反映空间某处的待测信息，而不能检测气体的空间和时间分布，所以要检测某种有害气体的浓度则需要在不同地点安装气体传感器，如此就提高了养殖成本，减少了经济效益。阵列形式的智能气体传感器可检测有害气体在空间和时间上的多维分布信息，不需要安装过多的传感器，大大减少了安装数量，降低了养殖成本，提高了经济效益。

2.8.3 传感系统在牧场中的集成应用

2.8.3.1 基于 NB-IoT 的智慧牧场管理系统

牧场管理系统可通过安装在牧场的传感器、监控设备、定位设备以及智能的分析模型来对牧场的状况进行实时掌握，实现牧场健康、高效、稳定发展。

基于 NB-IoT 的智慧牧场管理系统。该系统通过在畜舍中部署各种各样的环境监测传感器，实时采集畜舍内环境温湿度、光照度和气体等环境参考信息，并通过网络将传感器采集的信息及时地传递至管理系统，管理系统对接收到的信息进行处理之后，用方便理解和便于查看的方式展示出来。当该系统分析出传感器上报的数据超过预设的阈值时，该系统提示阈值警报信息，这时养殖者可使用多种终端设备对牧场的智能设备的设定参数进行修改（如风机、喷灌、光照、遮阳等），及时精确地满足畜禽生长的各种环境指标，促进畜禽健康生长，提高畜禽产量和经济效益。此外，该系统中可通过摄像头及时地监测畜禽的生长状况，也能达到安防的目的。

（1）底层终端设备

传感器会对目标畜舍的温湿度、CO_2 浓度和光照度等进行及时采样，帮助解决一直以来畜牧业中环境检测不准确的问题。包括各种各样的环境传感器（环境温湿度传感器、光照度传感器、气体传感器）、舍内机械设备（照明、风机、内遮阳、喷灌）、射频发射端、射频接收端、无线采集模块（连接各种传感器）、无线控制模块（连接各种设备）、摄像头、DAAU（物联网关）。由于在牧场中安装了大量的传感节点，所以可及时地收集影响畜舍的环境值和电导率等数据并传输到中控系统。牧场人员可通过传输回的数据判断是否对设备进行控制，从而有目的地设置需要调动的设备，实现对畜禽生长环境的智能控制。

（2）传输网络

畜牧业物联网在信息传输的过程中要有几个不同的中间结构的连接才能完成传输过程，其中的支撑网络包括 RFID 无线通信网、WSN、Wi-Fi、GPRS、3G、4G 等，通过以上网络的相互融合，保障信息安全传输，为畜牧业物联网系统发展提供强有力的支撑。

（3）应用终端

应用终端包括手机、PC、PDA 等，系统支持 PC 客户端和手机客户端，PC 客户端支持 B/S、C/S 两种方式。

2.8.3.2 牧场机器人

牧场机器人中的传感器一般可分为机器人外部传感器（感觉传感器）和内部传感器两大类。机器人的外部传感器的功能是识别工作环境，有模仿人类的听觉、视觉、触觉和嗅觉的声音传感器、摄像头、压力传感器和气体传感器等，还有测量距离的超声波传感器，测量温度的红外传感器等。其内部传感器主要是测量机器人自身状态的传感器，例如测量机器人各部件相对位置（如手臂间角度等）、移动速度等传感器，其目的是使机器人按规定的位置、轨迹、速度、加速度和受力大小进行工作。本小节以视觉传感器和触觉传感器为例简要介绍机器人传感器。

视觉传感器主要用于检测被测对象的明暗度、距离、位置、运动方向和形状特征等：通过明暗判断有无对象物体，检测被测物体的轮廓；通过位置传感器检测物体的平面位置和距离；通过形状觉传感器检测物体的面、棱、顶点、二维形状或三维形状，达到提取物体轮廓、识别物体及提取物体固有特征的目的。

触觉是指人与对象物体接触所得到的全部感觉。它可分为接触觉、压觉、力觉、接近觉、滑觉和冷热觉等。接触觉传感器检测机器人与对象物体是否接触以及接触对象物体的部位等，以达到确定位置、控制速度、探索和控制路径、识别物体的姿态和形状等目的。压觉传感器检测被测物体对机器人产生的压力大小和分布等，达到控制握力和识别所握物体等目的。接近觉传感器检测机器人与被测物体之间的距离和被测对象面的斜度，实现控制位置、探索和控制路径等目的。滑觉传感器检测在垂直于握持方向上物体的位移、旋转和由重力引起的变形等，以达到修正受力值、防止滑动及

学习与讨论

牲畜动态智能感知系统（以牛咀嚼感知为例）

学习与讨论

生猪背膘厚度自动检测系统

测量物体质量和表面特性等。冷热觉传感器用于检测被测物体温度和导热率，以确定对象物体的温度特性。

2.8.3.3 蛋鸡穿戴式无线体温感知设备

鸡体温是反映鸡健康状况的重要指标，体温异常是鸡出现疾病的主要特征之一。因此，可通过监测鸡体温变化来预测鸡的健康状况，这对于大型养殖场预防疫病传播十分重要，同时也为养殖者了解鸡的日常行为提供了大量的数据支持[1]。

该设备具有工作周期长、传输距离远的特点，并且能够满足在不同养殖环境下用于研究蛋鸡体温变化与白天和晚上温度之间的关系、日常行为活动之间的关系和蛋鸡产蛋前后体温变化关系等。

思考题

1. 温度传感器和湿度传感器的工作原理是什么？
2. 工作环境如何影响光感传感器的敏感性，原理是什么？
3. 压电式传感器在牧场场景下可能有哪些应用？

---

[1] 杨威. 蛋鸡穿戴式无线体温感知设备的开发及体温监测实验研究 [D]. 杭州：浙江大学，2017.

第 3 章

牧场信息传输技术

现代畜牧业发展面临着企业生产管理水平低、行业数据资源分散、畜禽产品质量管理难、疫情防控不及时、环境污染等众多问题,这些问题严重阻碍了现代畜牧业的快速发展。利用先进的信息传输技术可实现全过程监控,优化养殖条件,改善监管,减少行业混乱,从而提升畜禽产品品质。

本章教学课件

3.1 通信系统的定义与特征

通信是指按照一定的规则在信号源与接收端之间通过建立一个信息传输的通道来进行信息的交流与传递。通信系统（信息传输系统）是指利用有线、无线等形式来传递光信号、电信号和电磁波信号等信息的系统。

3.1.1 通信系统的分类

3.1.1.1 按照通信业务分类

按照通信业务，通信系统可分为实时通信系统和非实时通信系统两类。其中实时通信系统是指利用有效硬件（计算机、手机、无线传感器网络）对数据进行实时收发，并实时做出反应。

3.1.1.2 按照传输媒质分类

按照传输媒质可将通信系统分为有线通信系统和无线通信系统两类。

有线通信系统通过信号线传输信息，其信号线包括架空明线、电缆和光缆等。架空明线是指由支架架于地面上的裸导线，现在主要用于偏远地区长距离的信号传输；电缆通常由几根或几组互相绝缘的导线组成。光缆是由一根或多根光纤组成，可单独使用或成组使用。光纤是由透明材料制作的纤芯和用折射率低的材料制作的包层组成，射入纤芯的光信号经包层不断反射而在光纤中向前传递。制作纤芯的材料包括石英玻璃、多成分玻璃、塑料和复合材料等。

无线通信系统是牧场中最常用的通信手段。无线通信是指信号不通过导体或缆线进行传播，而是用电磁波进行传播的通信手段。物联网无线通信技术的分类如图 3-1 所示。

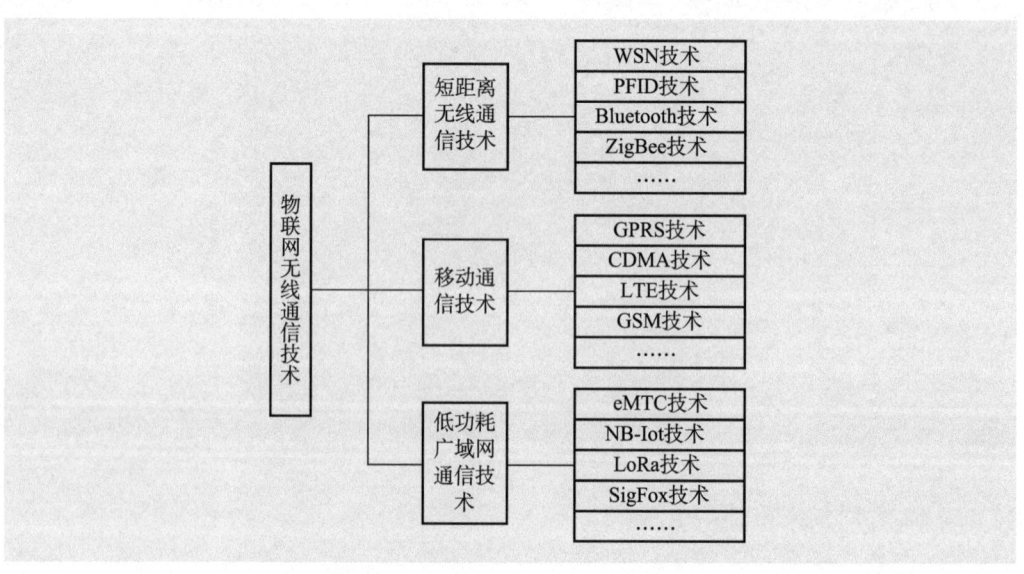

图 3-1 物联网无线通信技术分类

3.1.1.3 按照调制方式分类

调制（modulation）就是将拟传输的信号进行处理，并加到载波上的过程。其中，拟传送的信号（信号源）称为调制信号，载波（传输载体）称为被调制信号，它是可通过传输通道进行传输的信号，如振幅、频率等。根据对传输的信号是否进行调制，通信系统可分为基带传输和调制传输两大类。基带传输是将未经调制的信号直接在线路上传输，调制传输是指对信号进行调制后再进行传输。

3.1.1.4 按照信道中传输的信号形式分类

按照传输的信号形式，通信系统可分为模拟通信系统和数字通信系统两类。

模拟通信系统是通过模拟信号作为载体传输信息的通信系统。模拟信号是指用连续变化的物理量（振幅、频率或相位等）表示的信息。模拟信号随时间做连续变化，所以其代表的信息可在任意瞬间呈现为任意数值。非电信号（如声、光等）在模拟通信系统传输前，通过调制设备（如送话器、光电管等）将其转换成连续变化的电信号，通过连续电信号频率或振幅代表原始信号，并在信道中传输到接收端。信号在接收端经解调器调制后，再将模拟信号还原成非电信号并输出。电话通信是最常用的一种模拟通信，普通电话所传输的信号为模拟信号。

数字通信系统是通过数字信号作为载体传输信息的通信系统。它既可传输文档、文字或数据等数字信号，也可传输经过数字化处理的声音和图像等模拟信号。如通过数字通信系统传输模拟信号，则需要通过调制设备将连续变化的模拟信号转换为数字信号。由于数字信号随时间梯度变化，因此在调制过程中可能会丢失部分信号。但由于数字通信系统具有抗干扰能力强、保密性和可靠性高和易于集成等优势，牧场中普遍用数字通信系统传输信号。

3.1.2 通信系统的组成部分

通信的基本形式是在发送端与接收端之间通过建立一个信息传输通道（信道）来传递信息。但是由于信号源和信号的发送端与接收端之间的不确定性和多元性，通信系统的组成结构不是固定的。

3.1.2.1 模拟信号通信系统模型

模拟信号通信系统的简单模型如图3-2所示。一般含有五个组成部分，即信息源、变换器（发送设备）、信道、反变换器（接收设备）、受信者（信宿）。其中：信号源是指产生和发送各种信息的载体，包括发出信息的人或物；变换器（发送设备）的作用是将信号源发出的信息变换成可在信道中传输的信号；信道是信号的传输媒介，按照

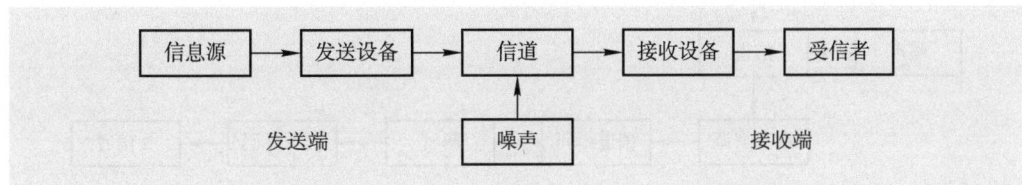

图3-2 模拟信号通信系统模型

传输介质的种类可将信道分为有线信道和无线信道两类；反变换器（接收设备）的作用是将从信道上接收的信号还原成原始发送的信息；受信者为信号的接收者，即接收信息的人或物。

3.1.2.2 数字通信系统的组成

数字通信系统是指通过数字信号形式来传递信息的通信系统，其模型如图3-3所示。数字通信系统涉及的技术问题很多，其中主要有信源编码与信源译码、信道编码与信道译码、数字调制与数字解调等。图3-3是数字通信系统的一般模型，但实际的数字通信系统可能会有所不同，不一定包括图中的所有环节，如数字基带传输系统不包含数字调制和数字解调。

（1）信源编码与信源译码

信源编码的目的是：①提高信息传输效率，降低信号传输所需的带宽，即通过数据压缩技术减小数据的大小后再传输；②实现模/数（A/D）转换，即当待传输的信号为模拟信号时，信源编码器将模拟信号转换成数字信号，以实现模拟信号的数字化传输。信源译码是信源编码的逆过程，即将编码后的信息还原成原始信息。

（2）加密与解密

加密是指人为地按照预定规则改变待传输的数据，其目的是使未授权的用户无法获得原始数据。解密是指按照预定的规则将加密的数据还原为原始数据。

（3）信道编码与信道译码

数字信号在传输过程中，可能会受到噪声影响而引起差错。信道编码是指为了减小差错，而在传输的信息中按一定的规则加入保护成分（监督元），以增强数字信号的抗干扰能力。信道译码是指接收端的信道译码器按相应的逆规则进行解码，发现和纠正数据传输过程中引入的差错，提高系统的可靠性。

（4）数字调制与数字解调

由于数字基带信号通常具有较低的频谱，不适合直接在无线信道中进行传输。因此，需要将其进行转换。数字调制是把数字基带信号的频谱调整到高频处，形成适合在信道中传输的信号。调制后的信号称为已调信号，它具有两个基本特征，即携带信息和适应在信道中传输。由于已调信号的频谱通常具有带通形式，因而已调信号又称为带通信号（也称为频带信号）。基本的数字调制方式有振幅键控、频移键控、移相键控等，在接收端可用相干解调或非相干解调还原数字基带信号，对高斯噪声下的信号

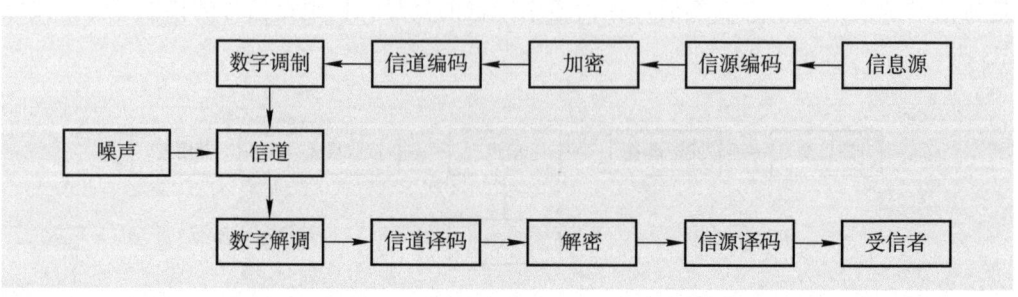

图3-3 数字通信系统模型

检测一般用匹配滤波相关器或匹配滤波器来实现。

（5）同步

使发送端与接收端的信号在时间上保持步调一致，从而保证数字通信系统有序、正确、可靠地工作。按照同步的功能不同，分为载波同步、位同步、群（帧）同步和网同步四种。

3.1.3 通信系统的主要性能指标

通信系统的性能指标涉及有效性、可靠性、适应性、经济性、标准性和可维护性等。尽管不同的通信业务对系统性能的要求不尽相同，但从研究信息传输的角度来说，通信的有效性和可靠性是主要的矛盾所在。有效性是指传输一定的信息量所占用的信道资源（带宽或时间），可靠性是指信息的传输质量（接收信息的准确程度）。

3.1.3.1 数字通信系统的有效性

牧场中传输的信息大多是以数字来表示的，牧场中的数据传输方式是典型的数字通信方式。数字通信系统的有效性是指信道内所传送信息量的大小，它可用码元传输速率、信息传输速率和频带利用率三项指标来衡量。

（1）码元传输速率

码元是承载信息量的基本信号单位，单位为波特（Baud，B）。码元传输速率 R_B 是指每秒传输的码元数目，又称为码元速率、传码率、波特率。码元传输速率是衡量数字通信系统有效性的重要指标之一。按照每个码元携带的信息量，数字通信系统传输的码元有二进制和多进制之分，但码元传输速率与信号的进制无关，只与单个码元持续的时间（码元宽度）有关。若每个码元宽度为 T（单位为 s），则

$$R_B = \frac{1}{T_s} \tag{3-1}$$

（2）信息传输速率

信息传输速率（R_b）又称为信息速率、比特率、传信率。它是指单位时间内所传输信息量的大小，单位为比特 / 秒（bit/s），简记为 b/s 或 bps。信息传输速率是衡量数字通信系统有效性的重要指标之一。

在二进制码元传输系统中，每个码元含有 1 b 的信息量，所以二进制数字信号的信息传输速率和码元传输速率在数值上相同。

如果用多进制传输，则每个码元携带了更多的数据量。在码元速率不变的前提下，可通过多进制传输提高信息速率。对于 M 进制信号，由于每个码元携带 $\log_2 M$ b 的信息量。因此，其信息速率和码元速率有如下关系式：

$$R_b = R_B \log_2 M \tag{3-2}$$

式中：R_b 表示信息传输速率，R_B 表示码元传输速率，M 表示信道中信号的进制数。

（3）频带利用率

频带利用率是指数字通信系统中信息传输速率与所占用带宽的比值。它是衡量数字通信系统有效性的最重要的指标。它的定义为单位带宽内的传输速率，即

$$\eta = \frac{R_b}{B} \tag{3-3}$$

式中：η 表示频带利用率，R_b 表示信息传输速率，B 表示带宽。

3.1.3.2 数字通信系统的可靠性

数字通信系统的可靠性可用差错率来衡量。差错率通常有两种表示方法，即误码率 P_e 和误信率 P_b。

误码率 P_e 又称为误符号率，是指接收的差错码元数在接收的总码元数中所占的比例，即

$$P_e = \frac{接收的差错码元数}{接收的总码元数} \times 100\% \tag{3-4}$$

误信率 P_b 又称为误比特率，是指接收的差错比特数在接收的总比特数中所占的比例，即

$$P_b = \frac{接收的差错比特数}{接收的总比特数} \times 100\% \tag{3-5}$$

误码率 P_e 和误信率 P_b 的关系：若信道中传输的是二进制信号，则 $P_e = P_b$；若信道中传输的码元大于二进制，则 $P_e > P_b$。

3.2 信息通信的编码和路由技术

3.2.1 编码技术

编码技术可提高数字通信系统的有效性和可靠性。编码技术主要包括信源编码技术和信道编码技术两大类。其中，信源编码的目的是提高信息传输效率，信道编码技术是为了增强数字信号的抗干扰能力，减小传输误差。

3.2.1.1 数字基带信号的码型和波形

（1）单极性归零码

单极性归零码用高电平表示二进制码元"1"，用零电平表示二进制码元"0"。其特点是脉冲持续时间小于码元宽度，即在脉冲持续时间内电平回到零值。单极性归零码码元间隔明显，有利于提取同步信号。因此，单极性归零码常用于其他码型提取同步信号时的过渡码型。单极性归零码的波形如图3-4a所示。

（2）双极性归零码

双极性归零码的特点是用持续时间小于码元宽度的正脉冲表示"1"，用持续时间小于码元宽度的负脉冲表示"0"，相邻脉冲之间间隔明显，它兼有极性码和归零码的特点。双极性归零码波形如图3-4b所示。

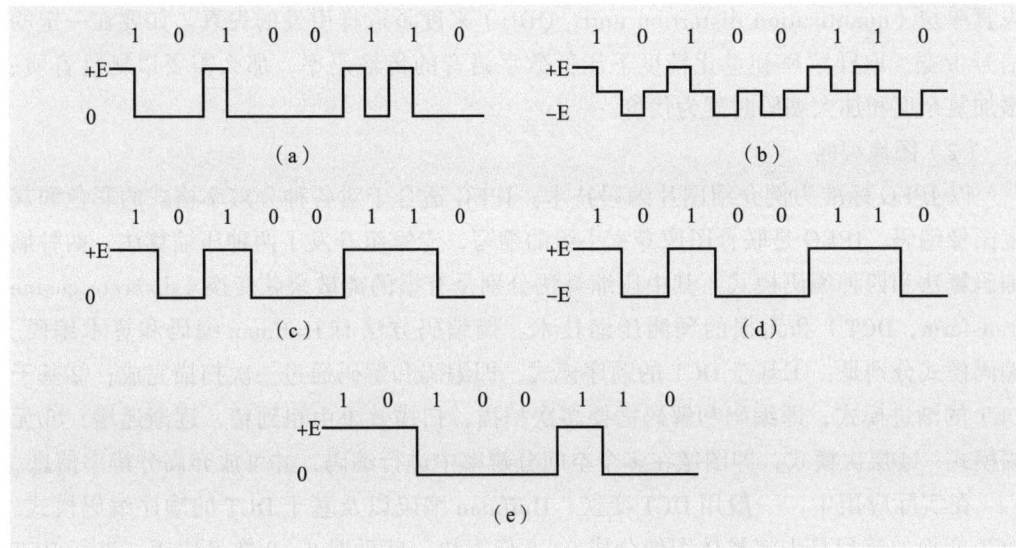

图 3-4 几种基本的数字基带信号码型
(a) 单极性归零码波形。(b) 双极性归零码波形。(c) 单极性不归零码波形。(d) 双极性不归零码波形。(e) 差分码波形。

（3）单极性不归零码

单极性不归零码是一种最简单而且最常用的码型，其特点是用高电平表示二进制码元"1"，用零电平表示二进制码元"0"。这种码型极性单一，适合短距离传输。在数字设备内部各元件间距离很短，所以一般用单极性不归零码这种简单的数字编码形式用于内部元件间通信。有些终端设备输出信号也是用单极性码进行编码，其原因是一般终端设备都需要接地，所以输出单极性码最为方便。单极性不归零码在整个码元持续时间内电平不变，波形如图 3-4c 所示。

（4）双极性不归零码

双极性不归零码的特点是用高电平（正电压）表示"1"，用低电平（负电压）表示"0"。双极性不归零码抗干扰能力比单极性不归零码强，可传输较远的距离。双极性不归零码在整个码元持续时间内电平不变，波形如图 3-4d 所示。

（5）差分码

差分码的特点是用相邻码元电平变化表示"1"，相邻码元电平不变表示"0"。由于差分码是以相邻码元脉冲电平的相对变化来表示代码。因此，它又被称为相对码。差分码的波形如图 3-4e 所示。

3.2.1.2 信源编码技术

信源编码技术是一种以提高通信有效性为目的而对信源进行变换的技术，其目的是将信源转换为数字代码。具体说，就是针对信源输出信号的统计特性，把信源输出信号变换为最短的码字序列，使各码元所载荷的平均信息量最大，同时又能保证可从编码后的码字序列中解码出原始信息。本小节主要介绍语音编码、图像编码。

（1）语音编码

语音编码是按照一定频率对语音取样、量化和编码，并用二进制编码的数字来代表模拟信号的幅度的脉冲编码调制（pulse code modulation，PCM）方法。可通过量化失真单位（quantization distortion unit，QDU）来度量取样引发的失真。如要在一定的信号带宽、取样频率和量化精度下压低数字语音的传输码率，那么需要以牺牲音质、增加复杂度和加大编码时延为代价。

（2）图像编码

以 JPEG 标准为例介绍图片编码技术。JPEG 适合于对各种分辨率格式的彩色和灰度图像编码。JPEG 是联合图像专家小组的缩写，专家组开发了两种压缩算法、两种熵编码算法和四种编码模式。其中压缩算法分别是有损的离散余弦变换（discrete cosine transform，DCT）和无损的预测压缩技术。熵编码方法有 Huffman 编码和算术编码。编码模式分别是：①基于 DCT 的顺序模式，即编码和解码通过一次扫描完成；②基于 DCT 的渐进模式，即编码和解码需要多次扫描，扫描效果由粗到精，逐渐递增；③无损模式；④层次模式，即图像在多个空间分辨率中进行编码，并可放弃高分辨率信息。

在实际应用中，一般用 DCT 变换、Huffman 编码以及基于 DCT 的顺序编码模式。DCT 变换的流程是先将整体图像分成 8×8 像素块，然后对 8×8 像素块逐一进行 DCT 变换。存储经 DCT 变换后的数据比存储原图需要的存储空间更小，且可通过反离散余弦变换恢复图像。DCT 变换会有一定的失真，但人眼是可接受的。

3.2.1.3 信道编码技术

信道编码技术是为了保证通信系统传输的可靠性而专门设计的一类克服信道中噪声的抗干扰技术。数字信号在信道中传输时可能会受到噪声等因素影响引起错误。为了纠正错误，可在数据发送时按一定的规则在传输信号码元中加入保护成分（监督元），形成抗干扰编码。信号传输到接收端后，信道译码器按相应的逆规则进行解码可发现或纠正错误，进而提高通信系统传输的可靠性。

信道编码种类繁多，以分组码、卷积码、Turbo 码为例进行介绍。每种编码方式都有查错和纠错两种类型。

（1）分组码

将信源的信息序列分成独立的块进行处理和编码，称为分组码。编码时将每 k 个信息位分为一组进行处理，变换成长度为 n 的二进制码组，其中 $n > k$。

分组码一般用符号 (n, k) 表示，其中：n 是码组的总位数，又称码组的长度（码长），k 是码组中信息码元的数目，$n - k = r$ 是码组中的监督码元数目。监督码是以信息码为基础按照一定的函数规律生成的。接收端通过核对监督码和信息码即可检查传输过程中是否有错误。如果传输过程中发生错误，则会尝试计算最可能发生错误的位点，并进行纠错。分组码的纠错能力与监督码元有关。

（2）卷积码

卷积码是一种性能比分组码更好的编码方式。它与分组码不同的是，编码时本组的校验码元不仅与本组的信息码元有关，而且与前面几组的信息码元有关。这样在编码过程中能充分利用各组数据，从而取得良好的编码性能。

卷积码一般用符号 (n, k, N) 表示，其中：n 是码组的总位数，k 是每组码元中信息码元的数量，N 为编码存储度，即卷积编码器的元码级数。监督码元通过当前码

组以及前面 $N-1$ 个码组的信息码元的数据通过函数生成。

按照是否添加尾比特可将卷积码分为两种类型：一类是归零卷积码，通过在编码块后添加尾比特，使得编码后编码器状态归为零。另外一类是咬尾卷积码，它通过将编码器的移位寄存器的初始值设置为输入流的尾比特值，使得移位寄存器的初始状态和结束状态相同。与归零卷积码相比，咬尾卷积码的好处是不用增加额外的尾比特，同时又不影响性能，缺点是增加了译码的复杂度和时延。

卷积码的译码方法可分为代数译码和概率译码两大类。代数译码是利用编码本身的代数结构进行解码，不考虑信道的统计特性。大数逻辑译码是最主要的代数译码。概率译码又称为最大似然译码，比较常用的有两种：一种是序贯译码，另一种是维特比译码。

代数译码所要求的设备简单、运算量小，但其译码性能要比概率译码方法差。因此，目前在数字通信中广泛使用的是概率译码方法。

（3）Turbo 码

Turbo 码又称并行级联卷积码。它巧妙地将卷积码和随机交织器结合在一起，在实现随机编码思想的同时，通过随机交织器实现了由短码构造长码的方法，并用软输出迭代译码来逼近最大似然译码。Turbo 码编码的基本原理是通过随机交织器把两个分量编码器进行并行级联，两个分量编码器分别输出相应的生成序列；经过删余后得到校验位序列，校验位序列与原信息序列复接后得到编码输出。Turbo 码的编码和解码框架图如图 3-5 所示。

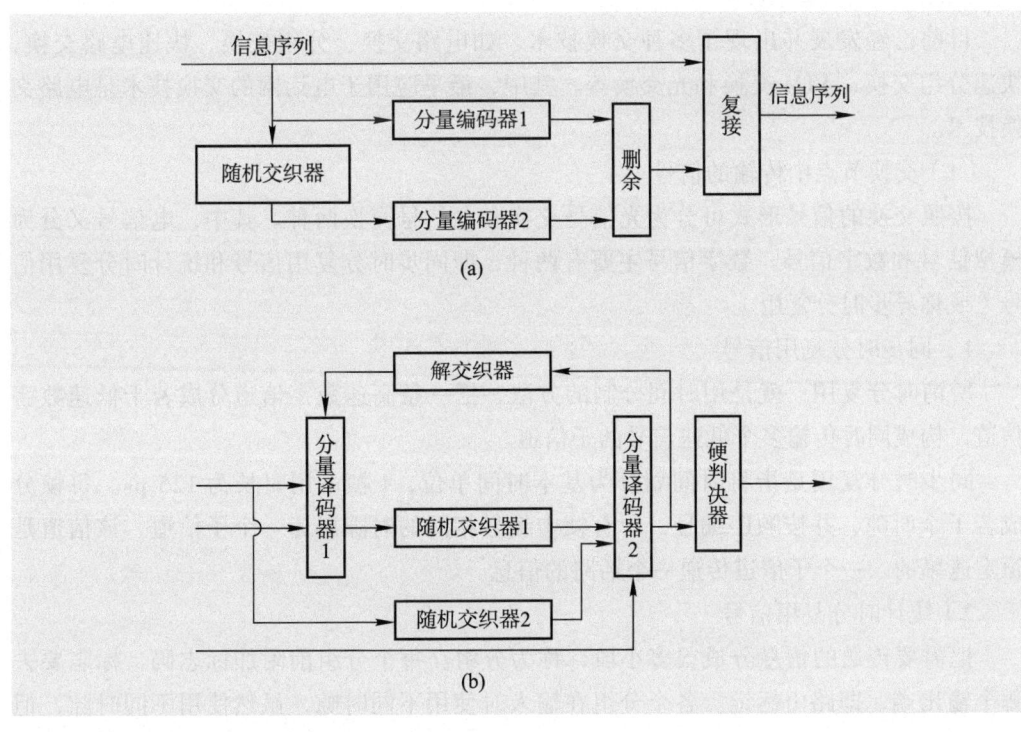

图 3-5 Turbo 码的编码和解码框架图
（a）Turbo 码编码器原理框架图。
（b）Turbo 码解码器原理框架图。

3.2.2 交换技术

3.2.2.1 交换技术在网络中的作用

在最初的仅设两个终端通信的点对点通信系统中，信息以电信号的形式传输。通信系统由终端设备和传输电缆组成。发送端将待发送的数据（如声音、图像等）等转换为电信号的形式进行传输，接收端将收到的电信号还原成原始数据，即完成了数据传输。这种方法存在明显弊端，需要将待通信的设备两两连接（全互联式）。当存在多个终端，且任意两个设备都需要进行点对点通信时，需要建立的连接数为 2^{n-1}（n 为需要两两通信的设备总数）。因此，在实际应用中，全互联式仅适用于终端数目较少、地理位置集中且可靠性要求很高的应用场景中。

交换与路由技术是实现用较少的连接数将多个设备两两互联的技术。当需要两两通信的终端设备数量较多时，可设置一个中心设备（交换机），把所有终端设备都连接在这个中心设备上。当任意两个终端设备需要通信时，该中心设备就把连接这两个终端设备的开关接点合上，即可联通这两个终端设备。当两个设备通信完成后，即可断开相应的接点，两个终端设备间的连线也就断开了。

交换的基本功能是实现连接在交换设备上的任意终端设备之间两两建立连接。交换设备至少应具备下述功能：①能正确接收和识别来自用户侧和网络侧接口的呼叫信号；②能正确接收和识别来自用户侧和网络侧接口的地址信号；③能按照目的地址正确地进行路由选择，并通过网络侧接口转发信号；④能控制连接的建立；⑤能按照要求拆除连接。

3.2.2.2 交换基本原理

目前已经发展并出现了多种交换技术，如电路交换、分组交换、快速电路交换、快速分组交换、ATM 交换和光交换等。其中，最早应用于电话网的交换技术是电路交换技术。

（1）交换节点中传输的信号

按照交换的信号形式可分为光信号交换和电信号交换两种。其中，电信号又分为模拟信号和数字信号。数字信号主要有两种，即同步时分复用信号和统计时分复用信号（或称异步时分复用）。

1）同步时分复用信号

所谓时分复用，就是用时间分制的方法，把一条高速数字信道分成若干低速数字信道，构成同时传输多个低速信号的子信道。

同步时分复用是指将时间划分为基本时间单位，1 帧占用时长为 125 ps。每帧分成若干个时隙，并按顺序编号，所有帧中编号相同的时隙成为一个子信道，该信道是恒定速率的，一个子信道传递一个话路的信息。

2）统计时分复用信号

把需要传送的信息分成很多小段，称为分组。每个分组前附加标志码，标志要去哪个输出端，即路由标记。各个分组在输入时使用不同时隙，虽然使用不同时隙，但标志码相同的分组属于一次接续。所以，把它们所占的信道看作一个子信道，这个子信道可以是任何时隙。这样把一个信道划分成了若干子信道，称为标志化信道。这时，一个信道中的信息与它在时间轴上的位置（即时隙）没有必然联系，将这样的子信道合成为一个信道用的复用器，称为统计复用器。统计复用器中必须有一个存储器把接收到的信息按先后顺序分组发送，称为统计复用。所以，对统计时分复用信号的交换实际上就是按照每个分组信息前的路由标记，将其分发到出线。

（2）信息传输过程

图 3-6 是数据流的基本形式，为简单起见，省去了中继开放系统。图中着重说明的是应用进程的数据在各层之间传递过程中所经历的变化。

应用进程 AP1 先将其数据交给第 7 层。第 7 层加上若干比特的控制信息就变成了下一层的数据单元。第 6 层收到这个数据单元后，加上本层的控制信息，再交给第 5 层，成为第 5 层的数据单元，依次类推。不过到了第 2 层（数据链路层）后，控制信息分成两部分分别加到本层数据单元的首部和尾部，而第 1 层（物理层）由于是比特流的传送，所以不再加上控制信息。

当这一串的比特流经网络的物理媒体传送到目的站时，就从第 1 层依次上升到第 7 层，每一层根据控制信息进行必要的操作，然后将控制信息剥去，将剩下的数据单元上交给更高的一层，最后应用进程 AP1 发送的数据交给接收器的应用进程 AP2。

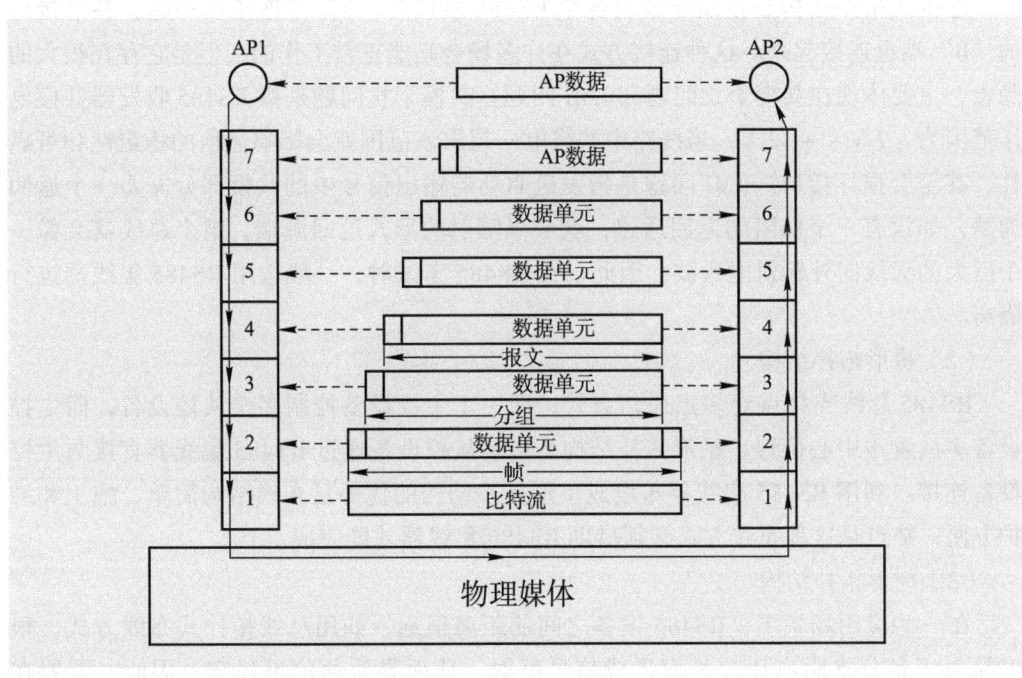

图 3-6 开放系统互联环境中的数据流

3.3 数据近距离传输技术

3.3.1 RS485 信号传输

3.3.1.1 RS485 信号收发方式

RS485 用差分信号负逻辑，即 +2 V 到 +6 V 表示"0"；-6 V 到 -2 V 表示"1"。RS485 有两线制和四线制两种接线，其中四线制只能实现点对点的通信方式，现很少使用。两线制接线方式是目前普遍使用的 RS485 接线方式，它在同一总线上最多可挂接 32 个节点。在 RS485 通信网络中一般用的是主从通信方式，即一个主机带多个从机。

学习与讨论

基于物联网和云端的奶牛发情监测

RS485 用平衡发送和差分接收方式实现通信，即发送端将串行口的 TTL 电平信号转换成差分信号分两路输出，系统通过检测两线之间的电位差识别信号。经过线缆传输之后在接收端将差分信号还原成 TTL 电平信号。RS485 信号具有极强的抗共模干扰能力，总线收发器灵敏度很高，可检测到低至 200 mV 电压。RS485 传输距离可达 1 000 m，如使用 RS485 中继器，则可传输更长的距离。

3.3.1.2 RS485 设备接线方式

（1）总线式拓扑结构

总线式拓扑结构是指用导线将各个 RS485 接口的"A"端连接在一起，各个接口的"B"端也连接起来。这种连接方式在许多场合是能正常工作的，但是它存在很大的隐患，主要体现在共模干扰问题和 EMI 问题。共模干扰问题是指 RS485 收发器共模电压范围为 -7 V ~ +12 V，当线路中共模电压超出该范围就会影响通信的稳定性和可靠性，甚至会损坏接口。EMI 问题是指发送驱动器输出信号中的共模部分需要一个返回通路，如没有一个低阻的返回通道，就会以辐射的形式返回源端，整个总线就会像一个巨大的天线向外辐射电磁波。因此，在 RS485 布线时，一般选用 RS485 集线器进行隔离。

（2）星形拓扑结构

RS485 总线支持点对多点通信方式，即一个主控设备控制多个从控设备，而主控设备多放置于中心位置。星形拓扑结构是指各从控设备通过 RS485 集线器直接与主控设备连接。利用 RS485 集线器布设成星形拓扑结构的优势是布线结构简单，施工和维护方便；缺点是这种布线方式必须借助 RS485 集线器才能完成。

（3）树形拓扑结构

在一些应用场景下，RS485 设备之间的距离很远，如用总线拓扑式布线方式，很容易由于各分支距离比较长而形成信号反射，从而导致通信不稳定。因此，需要在各分支上利用 RS485 中继器做物理隔离，将各分支与主干线的信号线隔离，以保证 RS485 总线通信的稳定性。这种用 RS485 中继器将各分支隔离的布线方式为树形拓扑结构。

3.3.2 蓝牙

蓝牙是一种支持设备间短距离通信的无线电技术。它能在设备间实现方便快捷、灵活安全、低成本、低功耗的数据通信。蓝牙技术是一种开放的全球规范性数据通信，适合于全球范围内用户无界限的使用。

3.3.2.1 蓝牙的版本和分类

（1）蓝牙的版本

目前已广泛使用的蓝牙版本众多，今后也将会有新的蓝牙版本产生。了解蓝牙的版本有助于在工作中选择合适的蓝牙设备。本小节主要介绍蓝牙 V5.0 以及蓝牙 V5.0 之前的各版本。

蓝牙 V1.1 和 V1.2 是早期版本，现已不再使用，所以不再介绍。

蓝牙 V2.0 传输率在 1.8~2.1 Mbit/s，可用双工的工作方式，即可同时进行语音通信和文件传输。

蓝牙 V2.1 改善了装置配对流程。蓝牙 V2.0 版本的蓝牙设备配对时，不管是首次配对还是再次配对，都需要利用个人识别码来确保连接安全性。而改进后的蓝牙 V2.1 会自动使用数字密码来进行配对与连接。

蓝牙 V3.0 的核心技术是 Generic Alternate MAC/PHY（AMP），这是一种全新的交替射频技术，允许蓝牙设备针对单一任务动态地选择正确射频。蓝牙 V3.0 通过集成 IEEE 802.11 无线协议使传输率更高，达到大约 24 Mbit/s，是蓝牙 2.0 的 10 倍。可轻松用于需要高速通信的应用场景，如无线打印、高清视频传输等。蓝牙 V3.0 的缺点是由于高速传输消耗更多的能量，而导致功耗大。

蓝牙 V4.0 最重要特性是省电，它具有极低的功耗，可使一粒纽扣电池连续工作数年之久。它具有时延低（可低至 3 ms）、支持 AES-128 加密等特性，可用于对功耗要求很高，但传输数据很少的应用场景，如计步器、心律监视器、智能仪表、传感器物联网等。蓝牙 V4.0 支持两种部署方式，即双模式和单模式。双模式是指低功耗蓝牙功能集成在现有的经典蓝牙控制器中，其整体架构基本不变，它既可与蓝牙 V4.0 设备通信也可与蓝牙 V3.0/2.0/1.0 设备通信。单模式蓝牙 V4.0 设备只能与蓝牙 V4.0 设备进行通信，无法向下兼容。单模式蓝牙 V4.0 设备的优势是体积小，有更强的节能性和安全性，可用于高度集成和紧凑的设备。

蓝牙 V4.1 对通信功能进行了升级，以匹配物联网（IOT）技术。在蓝牙 V4.0 时代，所有用了蓝牙 V4.0 LE 的设备在出厂时已经被分为了"Bluetooth Smart Ready"和"Bluetooth Smart"两类，其中"Bluetooth Smart Ready"设备一般被安装在 PC 机、平板计算机、手机上，而"Bluetooth Smart"设备一般被安装在蓝牙耳机、键盘、鼠标等扩展设备上。这些设备之间的角色是早就安排好了的，不能进行角色互换，只能进行 1 对 1 连接。在蓝牙 V4.1 技术中，允许设备同时充当"Bluetooth Smart"和"Bluetooth Smart Ready"两个角色的功能，可将多款设备连接到一个蓝牙设备上。

蓝牙 V4.2 提升了连接安全性，主要体现在：①数据保密性好。蓝牙 V4.2 配对时用 Diffie-Hellman Key Exchange 密钥交换算法进行加密，每一个设备有一对密钥，即公钥和私钥。其中，公钥向所有设备公开，私钥仅自己可见。在数据交互时，发送方通过自己的私钥和接收方的公钥对数据加密，接收方通过自己私钥和发送方的公钥对数据解密，从而有效地防止密码被破解。②可通过虚拟物理地址隐藏自己。蓝牙 V4.2 规定，蓝牙设备在广播模式下可发送随机物理地址，其他设备连接到该设备时才能获取其真实的物理地址。

蓝牙 V5.0 可远距离、高速传播数据。

目前市场上依然有大量蓝牙 V4.0/3.0/2.1/2.1+EDR 产品存在，从自拍器、遥控器到各种智能设备，因其功能够用、价格低廉，受到快速消费产品客户的青睐；而工业类、汽车类应用，蓝牙 V4.0 的产品依然当道，究其原因是该产品稳定、价格适中。如果说蓝牙 V5.0 之前蓝牙解决的是单点连接的可穿戴式设备与手机互联的问题，那么蓝牙 V5.0 就是解决多点互联物联网的问题。

（2）蓝牙的分类

蓝牙可分为经典蓝牙模块（V1.1/1.2/2.0/2.1/3.0）、低功耗蓝牙模块（V4.0/4.1/4.2）和蓝牙双模模块（支持蓝牙所有版本，兼容低功耗蓝牙及经典蓝牙）三类。

经典蓝牙模块（BT）泛指支持 V4.0 版本以下蓝牙协议的模块，一般用于传输数据量比较大的应用场景。

低功耗蓝牙（BLE）指支持蓝牙协议 V4.0 及以上版本的模块，其最大的特点是响应速度快、成本低和功耗低。主要应用于对响应速度要求高的产品，比如智能家居类设备和传感设备等。由于 BLE 连接速度非常快，因此设备可长期处于"非连接"状态，只有在必要时才建立连接，然后在尽可能短的时间内关闭连接，以节省能源。

低功耗蓝牙和传统蓝牙的区别是：①低功耗蓝牙在完成发送和接收任务后，会断开连接并暂停发射无线信号（但还是会接收），等待下一次连接再激活；传统蓝牙会持续保持连接。②低功耗蓝牙的广播信道仅有 3 个，而传统蓝牙有 32 个。③低功耗蓝牙连接速度快，完成一次连接周期，即扫描其他设备、建立链路、发送数据、认证和适当地结束只需 3 ms，而传统蓝牙设备需要数百毫秒。④低功耗蓝牙数据包很短，多应用于实时性要求高但是数据传输量小的应用场景，而传统蓝牙使用的数据较长，可用于大量数据的传输。⑤传统蓝牙分为 3 个功率级别，分别支持 100 m、10 m 和 1 m 的传输距离，而低功耗蓝牙不分功率级别。

3.3.2.2 蓝牙体系结构

蓝牙体系结构可分为底层硬件模块、中间协议层和高端应用层三大部分。

（1）底层硬件模块

蓝牙的底层硬件模块分为链路管理（link management，LM）层、基带（base band，BB）层和射频（radio frequency，RF）层。其中：LM 层主要负责建立和拆除连接，以及链路安全和控制；BB 层主要负责跳频和数据的传输；RF 层主要定义了蓝牙收发器的要求规范，还可通过 ISM 频段实现数据流的过滤和传输。

（2）中间协议层

中间协议层由逻辑链路控制与适配协议（logical link control and adaptation protocol，L2CAP）、服务发现协议（service discovery protocol，SDP）、无线电频率通信（radio frequency communication，RFCOMM）协议和电话控制协议（telephony control protocol spectocol，TCS）组成。其中：L2CAP 是中间协议层的核心部分，主要负责数据的拆装、服务质量控制、协议的复用等；SDP 主要是为上层应用程序提供某种机制来寻找可用的服务；RFCOMM 协议是一个有线链路的无线数据仿真协议，主要在蓝牙基带上为上层业务提供传送功能；TCS 是一个面向比特的协议，它定义了用于蓝牙设备之间建立连接的呼叫控制信令（call control signal，CCS），主要负责处理蓝牙设备组的移动管理过程。

（3）高端应用层

高端应用层位于蓝牙协议栈的最上层部分，负责蓝牙设备间的通信和处理。例如：HFP 协议让蓝牙设备可控制电话，如接听、挂断等；SPP 协议定义了设置虚拟串行端口以及连接两个蓝牙设备的方法。

3.3.2.3 蓝牙系统的网络拓扑结构

蓝牙系统不依赖基站传输数据，因此可用灵活的组网方式。蓝牙系统的网络拓扑结构有微微网和分布式网络两种形式。

（1）微微网

微微网是实现蓝牙无线通信的最基本结构。一个微微网内只有一个主设备，其他均为从设备。微微网使用三个比特位给网内从设备进行编号，要保证每个设备有唯一的编号。因此，一个微微网内最多连接 7 个从设备。在一个微微网中，所有从设备具有相同的权限，且从设备间不能通信。主设备单元负责提供时钟同步信号和跳频序列。从设备单元一般是受控同步的设备单元，受主设备单元的控制。蓝牙这种独特的组网方式也赋予了它强大的网络通信能力，即 7 个移动蓝牙设备可通过 1 个网络节点与因特网相联。

（2）分布式网络

分布式网络由多个独立的微微网组成，它们通过复合设备单元以特定的方式连接在一起。复合设备单元是指同一个设备同时属于不同的微微网并发挥不同的功能。例如一个微微网中的主设备单元，同时也可作为另一个微微网中的从设备单元。通过分布式组网可将数量庞大的蓝牙设备组合起来。

3.3.3 ZigBee 技术

ZigBee 技术又称为紫蜂技术，它是一种短距离、低复杂度、低功耗、低速率、低成本的双向无线通信技术。ZigBee 设备比其他无线个人局域网设备（如蓝牙或 Wi-Fi）更简单、更便宜，从而更适合组建短距离和低速率无线数据传输网络。ZigBee 技术现已作为一种良好的无线网络解决方案广泛应用于各个领域。

基于 ZigBee 无线传感器的应用现状及展望

3.3.3.1 ZigBee 技术特点

当前得到广泛应用的 ZigBee 技术致力于提供一种低复杂度、低成本和低功耗的无线通信技术，它能大幅简化各种装置互联设计的复杂度。因而，ZigBee 技术也成为打造智慧家庭的理想技术。

ZigBee 技术具有如下特点：①低功耗。在工作模式下，ZigBee 传输数据量小，所以收发数据使用的时间非常短。在非工作模式下，ZigBee 节点将处于休眠模式。这种工作特点使得 ZigBee 的功耗非常小，在大多数情况下它的平均功率仅仅为 1 mW。两节 5 号干电池可支持 1 个节点工作 6~24 个月，甚至更长时间，这也是 ZigBee 技术的突出优势。②低成本。通过大幅简化协议使得 ZigBee 设备的成本很低，不足蓝牙设备的 1/10。③低速率。ZigBee 工作速率一般为 250 kbit/s，适用于可低速通信的应用场景。④短距离。ZigBee 传输距离一般在 10~100 m。通过增加发射功率，传输距离可增加到 1~3 km。⑤低时延。ZigBee 响应速度较快，一般从睡眠状态转入工作状态只需 15 ms，节点连接进入网络也只需 30 ms。⑥高容量。一个 ZigBee 网络可包括 255 个 ZigBee 网络节点，其中一个是主控设备，其余是从属设备。如果使用网络协调器，整个网络可支持超过 64 000 个 ZigBee 网络节点。⑦灵活的安全性设置。ZigBee 网络提供了三级安全模式供用户选择，即无安全设定、接入控制清单和密码加密。⑧抗干扰性好。ZigBee 技术适用于 868 MHz（欧洲）、915 MHz（北美和澳大利亚）和 2.4 GHz（全球）ISM 频段，并且分别具有高达 20 kbit/s、40 kbit/s 和 250 kbit/s 的数据速率。这些频段不同于当前普通无线网络的频段，它们之间不会相互干扰。因此，这保证了 ZigBee 系统不会干扰其他无线网络，同时也保证系统不会受到其他无线网络影响。

3.3.3.2 ZigBee 体系结构

ZigBee 网络的协议栈框架结构如图 3-7 所示。IEEE802.15.4 协议定义了 ZigBee 的物理层和 MAC 层，ZigBee 联盟定义了网络层、应用层的技术规范。

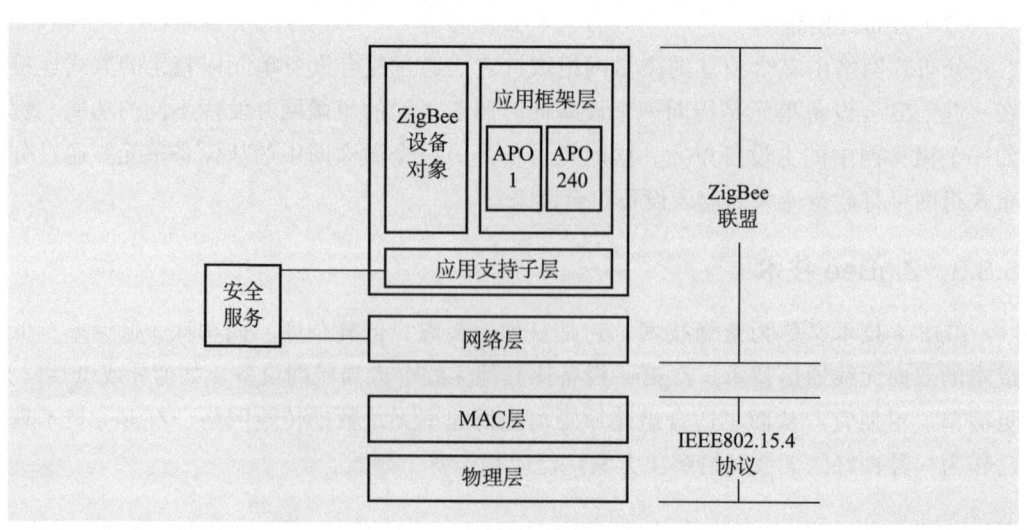

图 3-7 ZigBee 网络的协议栈框架结构

（1）物理层

物理层是与硬件最接近的层，它是以 IEEE802.15.4 协议为标准，直接与无线电收发器通信。它主要处理与访问 ZigBee 硬件有关的所有任务，包括硬件初始化、信道选择、链路质量估计、能量检测测量和清晰信道评估等。ZigBee 物理层主要支持三个频段，即 868 MHz 频段、915 MHz 频段和 2.4 GHz 频段。

（2）MAC 层

MAC 层提供物理层和网络层之间的接口。它提供了两种服务，即 MAC 数据服务和 MAC 管理服务。MAC 数据服务能够通过物理层数据服务进行 MAC 协议数据单元（MAC protocol data unit，MPDU）的传输和接收，MAC 管理服务实现 MAC 层和其上层之间的交互。

（3）网络层

网络层是应用层和 MAC 层之间的接口层，该层负责管理网络的形成和路由选择。其中，ZigBee 协调器节点的网络层负责建立 ZigBee 网络，并为网络中的设备分配地址。

（4）应用层

应用层是最高的协议层。ZigBee 规范将应用层分为三个不同的子层：应用支持子层（application support sublayer，APS）、ZigBee 设备对象（ZigBee device object，ZDO）、应用框架层（application framework，AF）。其中：APS 主要提供 ZigBee 端点接口，APS 有一个间接发送缓冲器（random access memory，RAM），RAM 用来存储间接帧，直到目标接收者请求这些帧为止；ZDO 层是应用层其他端点与应用子层管理实体交互的中间件；AF 层为每个应用对象提供了键值对（key value pair，KVP）服务和报文服务，该层主要服务于数据传输。

3.3.3.3 ZigBee 网络组成

（1）ZigBee 网络的设备类型

ZigBee 网络中存在三种逻辑设备类型，即协调器节点、路由器节点和终端节点。一个 ZigBee 网络由一个协调器节点、若干个路由器节点和若干个终端节点组成。其中：协调器节点的功能是建立、维持和管理网络，它既是网络中的一个设备，也是整个 ZigBee 网络的中心；路由器节点主要负责路由发现、消息传输、管理其他设备加入网络等。路由设备耗电量较大，一般需要电源供电。在通信距离较长时，路由器节点可起到中继作用，牧场中终端节点通常负责数据采集或控制功能。终端节点须通过协调器节点或者路由器节点才能加入到 ZigBee 网络中。

（2）ZigBee 网络拓扑结构

ZigBee 网络的拓扑结构分为三种，即星形拓扑结构、网状拓扑结构和树形拓扑结构。

① ZigBee 网络的星形拓扑结构：由一个协调器节点和任意数量的终端节点组成。ZigBee 网络的星形拓扑结构用主从网络模型，其中 ZigBee 协调器节点是主设备，ZigBee 终端节点是从设备。在星形拓扑结构中，终端节点之间的通信必须通过协调器节点进行转发。这种拓扑结构的缺点是协调器节点成为了整个网络的瓶颈，多个终端

设备同时通信时可能会产生拥堵。

② ZigBee 网络的网状拓扑结构：由一个协调器节点、多个路由器节点和多个终端节点组成。网状拓扑结构具有灵活的路由规则，路由器节点之间可直接通信。这种路由机制使得信息传输更高效。

③ ZigBee 网络的树形拓扑结构：与网状拓扑结构类似，由一个协调器节点、多个路由器节点和多个终端节点组成。协调器节点连接一系列的路由器节点和终端节点，子节点的路由器节点也可连接一系列的路由器节点和终端节点。这种拓扑结构与网状拓扑结构的区别是各路由器节点间不能自由连接。信息传输只有唯一的路由通道，整个的路由过程对应用层也完全透明。

3.3.4 射频识别技术

射频识别（RFID）是 20 世纪 80 年代发展起来的一种新兴自动识别技术，RFID 通过交变磁场或电磁场传递射频信号实现无接触的信息传递和目标识别。RFID 是智慧牧场中非常重要的一项技术，该技术具有穿透性强、安全性高和抗干扰能力强等优势。

RFID 耳标是动物身份标识的重要方法，可通过 RFID 耳标阅读器自动识别佩戴 RFID 耳标的动物身份信息并实时记录。通过使用 RFID 技术，提高了管理人员对动物的识别与跟踪能力，适用于牧场动物管理。可实现从养殖、运送、屠宰、销售的全程监控，保障畜禽产品的溯源。

一套完整的 RFID 系统由阅读器、应答器及应用软件系统三部分组成。其工作流程是：①阅读器发射特定频率的无线电波能量给应答器（射频标签）；②阅读器发射的无线电驱动应答器产生特定的电磁信号；③阅读器按顺序接收、解读应答器发射的电磁信号，并将数据传输给应用程序。按照是否给 RFID 的射频标供电，可将射频标签分为无源射频标签和有源射频标签。无源射频标签本身没有电源，因此其工作用的所有能量必须从阅读器发出的电磁场中获得；与此相反，有源的射频标签包含一个电池，它可为微型芯片的工作提供全部或部分的辅助电池能量。

RFID 系统分为全双工系统、半双工系统和时序系统三类。其中：全双工系统表示射频标签与阅读器之间可在同一时刻互相传送信息；半双工系统表示射频标签与阅读器之间可双向传送信息，但在同一时刻只能向一个方向传送信息；时序系统表示只能单向传送信息。

在全双工和半双工系统中，射频标签发射的信号比阅读器本身发射的信号弱很多，需用合适的传输方法把射频标签发射的信号与阅读器发射的信号区别开。RFID 用负载反射调制技术将射频标签数据加载到反射回波上进而传输给阅读器。时序系统是一种典型的雷达工作系统，其缺点是阅读器能量发送的间歇会使射频标签的能量供应中断，需要通过装入足够大的辅助电容器或辅助电池来进行能量补充。

3.3.5 Wi-Fi 技术

近些年来，随着智能手机等移动终端的逐步普及，无线网络相应地得到飞速发展。

在众多无线技术标准中，无线局域网（wireless local area network，WLAN）因为其较低的构建成本、较远的传输距离和较高的传输速率等优点而被广泛使用。

Wi-Fi 技术是实现 WLAN 的一种技术。WLAN 主要利用射频技术（radio frequency，RF），通过使用电磁波进行短距离的传输数据。WLAN 的出现弥补了有线局域网不足之处，使各设备摆脱信号线的束缚，从而达到网络延伸的目的。Wi-Fi 技术用的协议都属于 IEEE 802 协议集，它是以 IEEE802.11 作为其网络层以下的协议。

3.3.5.1　Wi-Fi 分类

截至 2021 年，Wi-Fi 的演变过程见表 3-1。其中，IEEE802.11 a/b/g/n/ac 等标准都是由 IEEE802.11 发展而来的。不同的后缀代表着不同的物理层标准工作频段和不同的传输速率。

表 3-1　Wi-Fi 的版本及其传输速率和工作频段

Wi-Fi 版本	Wi-Fi 标准	发布时间	最高速率	工作频段
Wi-Fi 6	IEEE 802.11ax	2019 年	11 Gbit/s	2.4 GHz，5 GHz
Wi-Fi 5	IEEE 802.11ac	2014 年	1 Gbit/s	5 GHz
Wi-Fi 4	IEEE 802.11n	2009 年	600 Mbit/s	2.4 GHz，5 GHz
Wi-Fi 3	IEEE 802.11g	2003 年	54 Mbit/s	2.4 GHz
Wi-Fi 2	IEEE 802.11b	1999 年	11 Mbit/s	2.4 GHz
Wi-Fi 1	IEEE 802.11a	1999 年	54 Mbit/s	5 GHz
Wi-Fi 0	IEEE 802.11	1997 年	2 Mbit/s	2.4 GHz

注：2.4 GHz 和 5 GHz 的区别如下：2.4 GHz 无线技术是一种全世界公开通用的无线频段，目前大部分无线路由器等无线产品都在这个频段上工作。5 GHz 主要解决信号干扰的问题。在 2.4 GHz 频段下工作的互相不干扰的信道只有 3 个，"堵车"现象非常严重；5 GHz 频段互不干扰的信号通道有 22 个，大大超过了 2.4 GHz 的互不干扰信道数量。

2019 年提出的 Wi-Fi 6 最重要的特点是解决了密集部署的问题，即支持多设备的高速通信。在之前的技术标准中，路由器每次只能与一个终端进行通信。当有多设备连接路由器时，路由器会依次与各个终端设备通信，其信息传输效率低，且容易拥堵。而 Wi-Fi 6 支持路由器与多个设备同时通信，极大提升了多设备连接时的网络体验，大幅降低了网络延迟。

3.3.5.2　Wi-Fi 技术的特点

Wi-Fi 技术具有以下特点：①传输距离远，Wi-Fi 的覆盖半径可达到几百米。②传输速率快。根据使用的传输协议不同，Wi-Fi 技术的传输速度也有所不同，Wi-Fi 的传输速率最快可达 11 Gbit/s。③无须布置线路。Wi-Fi 技术的优势主要在可不受布线条件的限制，所以 Wi-Fi 技术十分适宜在牧场中应用。④健康安全。Wi-Fi 设备的发射功率低（60～70 mW），辐射比较低，不会对人或动物产生危害。

3.3.5.3 Wi-Fi 的网络组成部分

Wi-Fi 网络包含 6 个部分，分别是：①终端设备。终端设备是指具有 Wi-Fi 通信功能的设备，如手机、平板电脑、计算机、传感器 Wi-Fi 模块等。②接入点（access point，AP）。AP 又称为基站，就是人们常描述的 Wi-Fi 热点，它相当于一个转发器，将互联网或其他终端设备的数据转发给终端设备。③基本服务集（basic service set，BSS）。BSS 是由若干个终端设备和接入点组成。④服务集识别码（service set identifier，SSID）。SSID 是 Wi-Fi 网络的身份标识，最多可设置 32 个字符。SSID 通常由 AP 或无线路由器产生并向外广播，终端设备通过 SSID 连接 AP。⑤扩展服务集（extended service set，ESS）。ESS 是由一个或者多个基本服务集通过分布式系统串联在一起所组成的。通过 ESS 能进一步扩展无线网络的覆盖范围。⑥门桥。门桥的作用相当于网桥，主要用于无线局域网和有线局域网或者其他网络之间的联系。

3.3.6 无线传感器网络技术

无线传感器网络（WSN）由大量传感器组成，通过无线通信方式形成的一个自组织网络。其目的是协作地感知、采集和处理网络覆盖区域中被感知对象的信息，并发送给观察者。传感器、感知对象和观察者构成了无线传感器网络的三个要素。

3.3.6.1 无线传感器网络解决的问题

无线传感器网络解决的主要问题有：①定位。确定传感器节点自身位置是无线传感器网络的基本功能之一，定位技术对无线传感器网络的各种应用都有着重要的作用。②时间同步。在无线传感器网络应用中，传感器节点通常需要协调操作共同完成传感任务，因而时间同步技术显得尤为重要。相对于传统的网络时间同步的方法，时间同步技术成本较高且能耗较大，在恶劣的环境下，同步精度也会受到很大影响。③数据融合。邻近节点传送的信息存在很大的相似性和冗余性，这样会浪费通信带宽、缩短网络生存时间、加速节点的能量消耗，需要通过数据融合技术提高数据的准确性和数据的收集效率。因此，数据融合技术也成为无线传感器网络的一项关键技术。④网络协议。网络协议不仅关系到单个节点的能耗，而且直接影响网络的生命周期，所以网络协议也成为无线传感器网络的一项研究热点。⑤拓扑控制。对于无线传感器网络而言，良好的拓扑结构有利于节省节点的能量，从而延长网络的生存期，提高路由协议和 MAC 协议的效率，所以拓扑控制也是无线传感器网络的核心技术之一。

3.3.6.2 无线传感器网络面临的挑战

无线传感器网络是由众多节点组成并且用无线通信方式的网络，与传统网络相比，无线传感器网络发展受到了以下四方面的限制与挑战：①电源能量有限。无线传感器网络的首要设计目标就是低功耗，如何高效使用电源能量来最大化网络生命周期，是无线传感器网络所面临的首要挑战，也是无线传感器网络与传统网络最重要的区别之一。②通信能力有限。在通信环境和节点有限的情况下，如何设计网络通信机制以满足无线传感器网络的通信需求同样是无线传感器网络面临的又一挑战。③计算和存储能力有限。传感器节点需要完成检测数据的采集和转换、数据的管理和处理、节点控制等任务，如何利用有限的计算和存储能力完成诸多协同任务，成为无线传感器网络设计的一个无法回避的问题。④网络安全问题。由于无线传感器网络受能耗、数据处理和通信能力的限制，使得无线传感器网络受到一定安全威胁。

3.4 低功耗广域网传输技术

目前全球电信运营商已经构建了覆盖全球的移动蜂窝网络，解决了人与人之间远距离通信问题。然而虽然移动蜂窝网络覆盖范围广，但基于移动蜂窝通信的物联网设备功耗大，且通信成本高，因此难以支撑数量庞大的物与物之间的通信。目前承接在移动蜂窝网上的物与物连接仅占连接总数的6%。物与物的连接（物联网）具有低带宽、低功耗、远距离和连接量大等特点。物联网的快速发展向无线通信技术提出了更高的要求，即低功耗、远距离、连接量大、低延迟。目前专为物联网设备而设计的低功耗广域网技术已快速兴起。

低功率广域网络通信技术可分为两类：一类是工作于未授权频谱的远距离无线电技术，如LoRa（Long Range Radio）技术、SigFox技术等；另一类是工作于授权频谱下的蜂窝通信技术，如窄带物联网（narrow band internet of things，NB-IoT）技术、增强型机器类型通信（enhanced machine type communication，eMTC）技术等。本小节主要介绍LoRa技术和NB-IoT技术。

3.4.1 LoRa技术

LoRa技术是用于创建远程通信链路的一种无线调制技术，仅包含链路层协议。LoRa技术基于CSS调制，保持与传统无线通信使用的FSK调制相同的低功率特性，并显著地增加了通信距离。LoRa技术作为一种支持低功耗远距离传输技术，正在迅速崛起。

3.4.1.1 LoRa网络结构

大多数现有LoRa技术都基于网状拓扑结构。在网状拓扑结构中，基础设施节点连接到尽可能多的节点，并且彼此协作以传输数据，每个节点都可作为中转节点传输数据。网状拓扑结构的优点是大大增加了数据传输的范围，缺点是增加了网络复杂性，缩短了电池寿命。LoRa还可使用星形拓扑结构，星形拓扑结构降低了网络的复杂性。与传统的网状拓扑结构相比，星形拓扑结构大大降低了功耗，延长了电池寿命。

LoRa网络结构如图3-8所示。LoRa网络主要包括了四个基础的元素：LoRa终端节点、网关/集中器、网络服务器和应用服务器。

（1）LoRa终端节点

LoRa终端节点包括各种含有LoRa模块的传感器或控制设备，进行传感和控制。LoRa终端节点遵循ALOHA网络规范将数据包异步地广播到网络中。LoRa终端节点在大部分时间处于空闲模式，从而减少功耗。

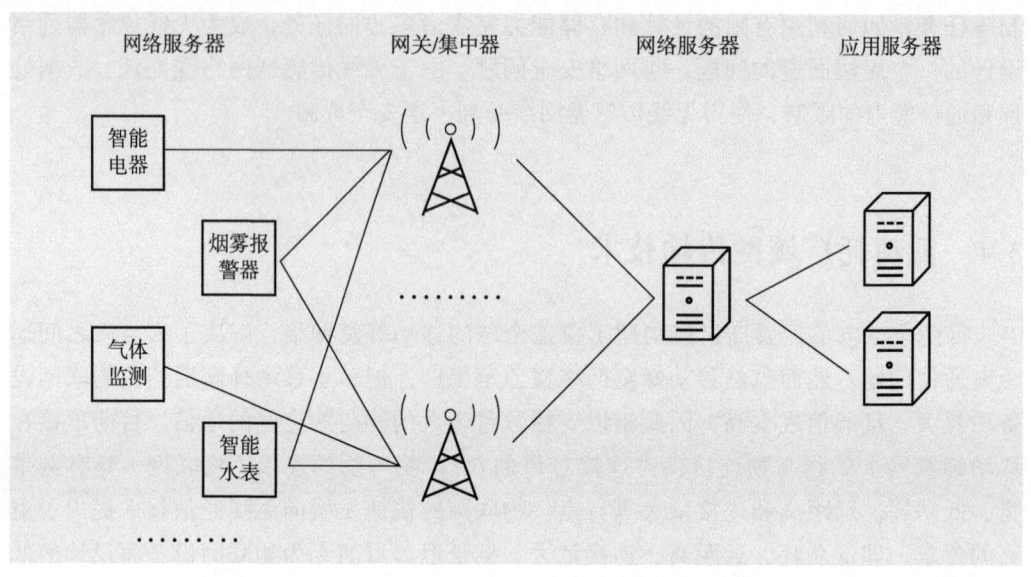

图 3-8　LoRa 网络结构

（2）网关/集中器

LoRa 网络中有很多个网关，每个网关都可连接多个终端节点。终端节点数据先发送到网关，网关收到数据后再通过蜂窝网、以太网、卫星或 Wi-Fi 等将收到的数据发送到网络服务器。网关可分为微网关和微微网关。其中，微网关直接与公共网络连接，传输范围可覆盖全国，微网关提供高覆盖率，而微微网关用于 LoRa 设备密集区域以提高连接质量和网络容量。

（3）网络服务器

网络服务器承载了所有需要智能管理的网络，从不同网关接收的数据经过过滤、安全检查、自适应速率等操作后被发送到网络服务器。网络服务器的功能包括以下方面：①信息合并。网络服务器可能会接收来自多个网关相同数据包的多个副本。网络服务器需要管理和合并这些数据包。②路由。对于下行链路，网络服务器需要计算出从网络服务器到终端节点的最佳数据传输通路。③网络控制，即协助终端节点实现数据传输速率控制。④网关和网络监控。

（4）应用服务器

应用服务器从网络服务器接收预期数据，管理并分析数据，并将数据处理成能直接展示给用户的形式，或接收用户指令，并将指令传输给网络服务器。

3.4.1.2　LoRa 技术的传输距离

LoRa 能够实现远距离传输数据。单个网关即可覆盖几千米的距离。LoRa 技术的长距离传输归功于 CSS（chirp spread spectrum）调制和链路预算。

（1）CSS 调制

LoRa 技术用 CSS 调制技术。在 CSS 调制中，将有用数据信号与啁啾信号（Chirp 信号）相乘，将带宽扩展到原始数据信号的带宽之外。其中，啁啾信号是一种频率随时间增加或减少的信号。在接收器端，接收信号与本地产生的线性调频信号的副本重新相乘,这会将调制信号压缩回原始带宽,降低了噪声和干扰。

CSS 调制数据速率可表示为:

$$R_b = SF \times \frac{BW}{2^{SF}} \quad (3-6)$$

式中:R_b 为数据速率,SF 为扩频因子,BW 为带宽。

增加信号带宽可降低数据长距离传输的差错率。

(2)链路预算

链路预算是传输系统中所有收益和损失的核算,体现为接收器端接收的功率。LoRa 技术的链路预算高于任何其他的现有技术。链路预算在很大程度上影响其传输距离的范围。

网络的链路预算可表示为:

$$P_{RX} = P_{TX} + G_{SYSTEM} - L_{SYSTEM} - L_{CHANNEL} - M \quad (3-7)$$

式中:P_{RX} 为接收功率,P_{TX} 为发送功率,G_{SYSTEM} 为系统增益,L_{SYSTEM} 为与系统相关的损耗如馈线、天线等,$L_{CHANNEL}$ 为由传播信道引起的损耗,M 为衰落余量。

3.4.1.3 LoRa 技术的电池寿命

牧场中嵌入式设备最重要的性能标准是其电池寿命。其原因是嵌入式设备大多数都是电池供电,且部分嵌入式设备无法充电和更换电池,电池耗尽即意味着该设备彻底失去使用价值。因此,这些嵌入式设备的基本要求是其电池寿命尽可能更长。LoRa 技术优化了设备中的电池消耗,使用过程中消耗的能量非常少,非常适合电池供电的嵌入式设备。LoRa 技术的低电池消耗是由于网络中其节点的异步通信,且网络遵循 ALOHA 协议发送数据。在 ALOHA 协议中,仅当有数据要发送时才发送帧,否则呈休眠状态。大多数其他技术是网状拓扑结构或用同步通信,所有节点会持续处于唤醒状态,这会消耗更多能量。

3.4.1.4 LoRa 技术安全性

LoRa 技术安全性是通过 AES 加密和 IEEE802.15.4/2006 保证的。LoRa 技术使用两个密钥来确保安全性和真实性,即网络会话密钥和应用会话密钥。LoRa 网络包含两层安全性,即网络安全性和应用程序安全性。网络安全性用于验证网络中的节点,而应用程序安全性保护数据安全。

要使终端设备加入网络,必须对其进行激活和验证。该技术有两种认证和缴活方法:空中激活(over the air activation, OTAA)、个性化激活(activation by personalization, ABP)。其中,空中激活时终端设备不具有任何的个性化信息;个性化激活时,终端设备已经存储了激活所需的信息,当终端设备启动时会自动加入到特定的网络中。

3.4.1.5 LoRa 技术的 MAC 协议类型

LoRa 技术定义物理链路层,而 LoRaWAN 技术定义了通信协议和网络架构。LoRa 网络中的终端设备具有不同的要求并且服务于不同的应用。LoRa 网络中的终端设备根据其电池寿命和下行链路通信延迟分为三个基本类别,即 A 类、B 类和 C 类。

（1）A 类双向终端设备

A 类双向终端设备是功耗最低的 LoRa 终端设备。该类双向终端设备的设计遵循 ALOHA 协议。这些设备具有一个上行传输时隙和两个下行链路接收时隙。A 类双向终端设备接收时隙图如图 3-9 所示。

首先，A 类双向终端设备发送上行链路信息，并打开两个接收时隙。第一个接收时隙在 ±20 μs 的延迟后打开。下行链路数据速率和下行链路频率由上行链路数据速率和上行链路频率决定。同样，在延迟 ±20 μs 之后，打开第二个下行链路接收窗口。此时隙中的数据速率和频率是可变的，可使用 MAC 命令配置它们。只有在这两个接收时隙中，服务器发送的数据才能被接收到。服务器发送任何数据，都必须等待来自终端设备的上行链路传输，该类双向终端设备适合需要发送小数据的应用程序使用。

A 类双向终端设备的接收窗口的持续时间必须足以让终端设备检测到下行链路信息的前导码。一旦终端设备检测到前导码，它就会保持活动状态，直到接收到解调信号为止。终端设备具有两个接收时隙，它可在任何一个接收时隙中接收数据。A 类终端设备只有在一次接收和发送全部完成后，才能进行下一次接收和发送。

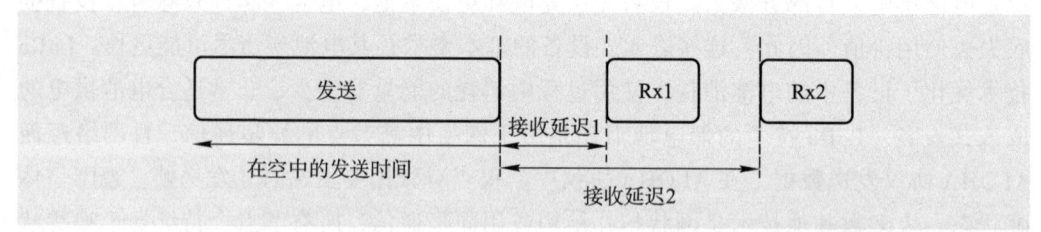

图 3-9　A 类双向终端设备接收时隙图

（2）B 类双向终端设备

B 类双向终端设备除了有 A 类设备的两次接收时隙之外，还有附加的调度接收时隙。调度接收时隙是由网关发送的调度信标决定的，其作用是使终端设备定期打开附加接收时隙，以便服务器判断终端设备正在监听。调度接收时隙称为 ping（下行链路通信称为 ping）时隙。B 类终端适用于在预测的时间需要额外的接收时隙的应用场景。

（3）C 类双向终端设备

与 A 类双向终端设备和 B 类双向终端设备不同，C 类双向终端设备仅在发送数据时才会关闭接收时隙，其他时间始终打开接收时隙。其优势是通信延迟低，但由于 C 类双向终端设备的接收时隙始终打开，它比 A 类和 B 类消耗更多的能量。因此，C 类双向终端设备只能用于那些没有任何功率限制的设备。

3.4.2　窄带物联网信号传输

窄带物联网构建于移动蜂窝网络，其典型的应用是智能计量和智能环境监测。由于 NB-IoT 可直接部署于 GSM 网络、UMTS 网络或 LTE 网络等移动蜂窝网络，且移动蜂窝网络无处不在。因此，NB-IoT 部署成本低，可实现平滑升级。

3.4.2.1 NB-IoT 的技术特性

（1）低功耗

NB-IoT 技术使用了省电模式（power saving mode，PSM）和扩展型非连续接收（extended discontinuous reception，eDRX），可实现长的待机时间。

（2）传输模式

NB-IoT 技术的开发基于 LTE 技术，并在 LTE 技术上进行修改，适用于具有超低速率和超低功耗的物联网终端。

（3）频谱资源广

NB-IoT 发展得到了中国四大电信运营商（中国联通、中国电信、中国移动和中国广电）的大力支持。四大电信运营商均拥有各自的 NB-IoT 频谱资源，NB-IoT 已经实现商用。

3.4.2.2 NB-IoT 网络结构

NB-IoT 网络结构如图 3-10 所示。由五部分组成：① NB-IoT 终端。安装了相应的 SIM 卡的终端设备。② NB-IoT 基站。NB-IoT 基站由电信运营商部署，它支持独立部署、保护频带部署、带内部署三种部署模式。③ NB-IoT 核心网。NB-IoT 基站通过 NB-IoT 核心网可连接到 NB-IoT 云平台。④ NB-IoT 云平台。NB-IoT 云平台可处理各种服务，并将结果转发到垂直业务中心或 NB-IoT 终端。⑤垂直业务中心。垂直业务中心可在自己的中心获得 NB-IoT 服务数据并控制 NB-IoT 终端。

3.4.2.3 NB-IoT 结构和安全架构

NB-IoT 与传统物联网安全架构存在许多差异，主要体现在功耗、网络通信模式和物联网硬件设备等方面。具体体现在：①功耗和安全性不一致。传统物联网终端系

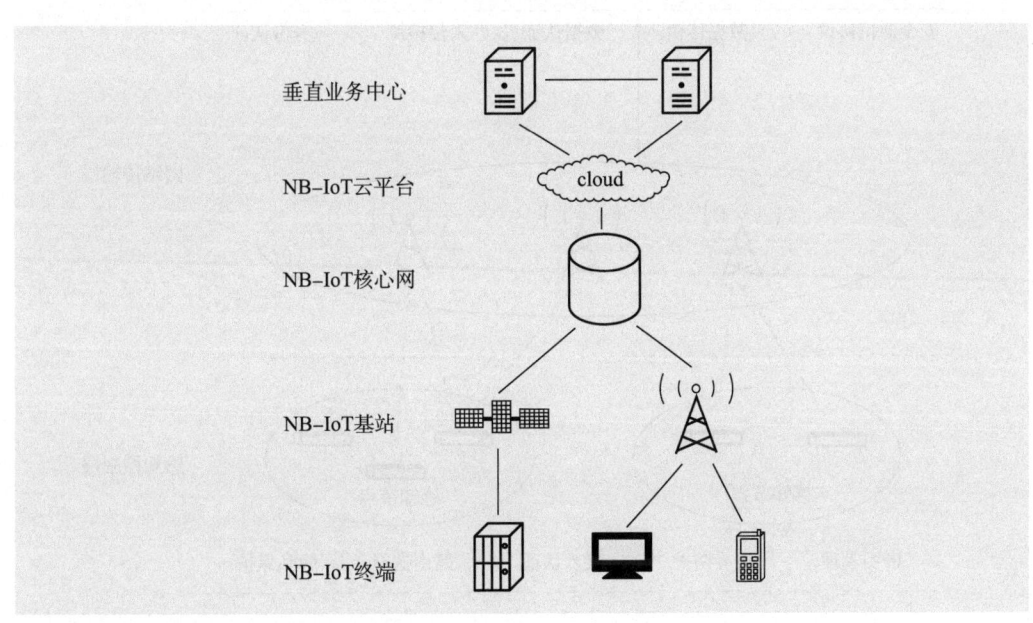

图 3-10　NB-IoT 网络结构

统一般具有较强的计算能力和复杂的网络传输协议，并用更严格的安全加固方案，终端功耗通常很高，需要频繁充电。而 NB-IoT 设备具有功耗低、计算能力低和非频繁充电的特点，这也意味着降低了安全性。② NB-IoT 安全漏洞危害大。在实际部署中，NB-IoT 终端设备比传统物联网的终端设备多得多，任何微小安全漏洞都可能产生更大安全事故。

NB-IoT 安全架构如图 3-11 所示，主要分为三层，即感知控制层、网络传输层和应用层。

（1）感知控制层

感知控制层位于 NB-IoT 的底层，是所有上层架构及服务的基础。NB-IoT 的感知控制层往往处于被动攻击或主动攻击之下。其中被动攻击是指攻击者只窃取信息而不进行任何修改，主要方法包括窃听、流量分析等。被动攻击发生的原因是 NB-IoT 的传输方式为开放式无线网络，攻击者可通过窃取数据链路和分析流量特征等方法获取 NB-IoT 终端的信息。

主动攻击是指攻击造成数据完整性破坏和信息伪造。因此，主动攻击对 NB-IoT 网络造成的伤害程度远远大于被动攻击。目前，主要的主动攻击方法包括节点复制攻击、节点捕获攻击、信息篡改攻击等。

可用诸如数据加密、身份认证和完整性校验的加密算法预防这些攻击。常用的密

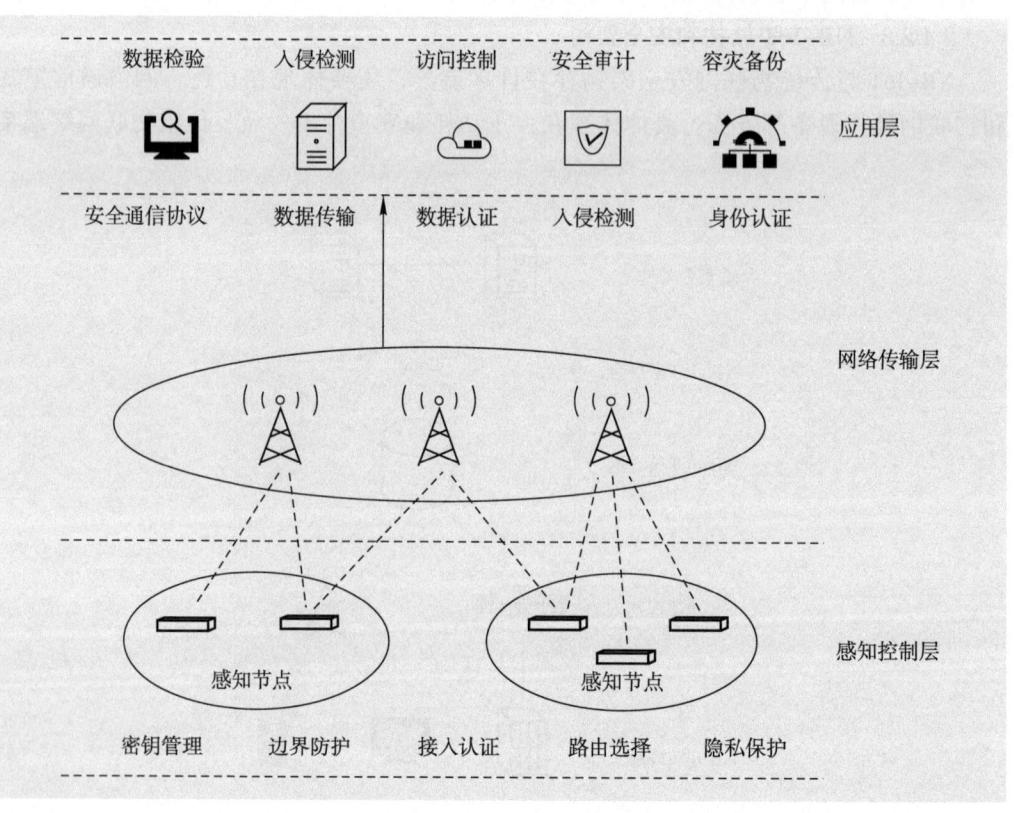

图 3-11 NB-IoT 安全架构

码学机制包括随机密钥预分配机制、确定性密钥预分配机制和基于身份的密码机制等。由于NB-IoT节点传输数据量较小，可在感知控制层部署轻量级密码（如流密码和分组密码），以减少终端的计算负荷，延长电池使用寿命。

与传统物联网中的感知控制层不同，NB-IoT的感知控制层节点可直接与基站通信，从而避免了网络中潜在的路由安全问题。此外，NB-IoT的感知控制层中与基站之间的身份认证是双向的，可防止"伪基站"可能带来安全威胁。

（2）网络传输层

与传统的网络传输层相比，NB-IoT简化了网络传输层的部署，其安全威胁主要体现在以下两方面：①大量NB-IoT终端的身份验证和访问控制问题。NB-IoT的一个扇区能够支持与大约100 000个终端的连接。对这些实时的、大量的终端连接进行有效的身份验证和访问控制，以避免恶意节点注入虚假信息是一个艰巨的挑战。②开放的网络环境。NB-IoT的感知控制层与网络传输层之间的通信完全是通过无线信道。无线网络的固有漏洞会给系统带来潜在的风险，即攻击者可通过传输干扰信号而导致通信中断，或利用控制的节点发起拒绝服务攻击，进而影响网络的性能。

以上问题的解决方案一方面是引入有效的端到端认证机制和密钥机制，为数据加密并保证数据的完整性及联网设备的合法性。另一方面，应建立完善的入侵检测和保护机制，以检测恶意节点注入的非法信息。即当某节点的活动特征明显偏离正常范围时，即视为异常或入侵行为，系统应及时进行拦截和纠正，以避免各种入侵或者攻击对网络性能造成不利影响。

（3）应用层

NB-IoT的应用层的目标是有效地存储、分析和管理数据。NB-IoT的大量终端设备会产生大量数据汇聚在应用层，为各种应用程序提供数据支持。与传统物联网网络的应用层相比，NB-IoT的应用层承载着更大的数据量。NB-IoT的应用层主要安全要求有以下三点：①识别和处理海量异构数据。由于NB-IoT应用的多样性，在应用中融合的数据通常是异构的，这增加了数据处理的复杂性。因此，利用现有计算资源有效识别和管理这些数据成为NB-IoT应用层的核心问题。②建立有效的数据完整性验证和同步机制。在应用层中的数据来自感知控制层和网络传输层，收集和传输期间的异常会损坏数据的完整性。需要建立有效的数据完整性验证和同步机制来保证数据安全。此外，还需要加入数据删除技术、数据自毁技术、数据流审计技术和其他技术，以保证数据在各个方向的存储和传输过程中安全性。③数据访问控制机制。NB-IoT中有大量用户，应建立多级用户权限，按需赋予用户对数据的访问和操作权限，使用户进行受控的信息共享。目前，数据访问控制机制有强制访问控制机制、自主访问控制机制、基于角色的访问控制机制和基于属性的访问控制机制，应根据应用场景的隐私差异，采取不同的访问控制措施。

3.4.3 几种无线通信技术的比较

各种无线传输技术都有自己的优点和缺点。每种传输技术都适用于特定的应用场景。根据应用特定的要求，可从现有技术中选择最适合的技术。本小节以 LoRa 技术为例，将其与其他无线传输技术进行对比。

（1）LoRa 技术与蜂窝网的对比

由 GSM、2G、3G、4G 组成的传统蜂窝网在生活中被广泛应用。这些网络模式都是完善的网络，但这些传统网络是为高数据吞吐量而构建的。因此，传统蜂窝网没有优化功耗。当少量数据传输频率较低时，也会消耗很多能量，所以传统的蜂窝网不适合对电池寿命要求很高的嵌入式设备。LoRa 和 NB-IoT 技术具有较低的功耗，并且非常适合少量数据的长距离传输。

（2）LoRa 技术与 Wi-Fi 技术对比

LoRa 技术与 Wi-Fi 技术的区别主要体现在以下几点：①传输距离不同。Wi-Fi 的通信距离一般在 100 m 以内，适合在有限的区域内使用，如建筑楼、学校、办公室、实验室等。LoRa 技术提供了很大的范围，单个网关可跨越 10 km 的区域。②传输速度不同，Wi-Fi 传输速度比 LoRa 快很多，适合需要高速通信的应用场景。③安全性不同。Wi-Fi 技术的安全性较差，Wi-Fi 传输的数据很容易被干扰。LoRa 技术提供双 AES 加密。LoRa 技术基于 CSS 调制，对多径和衰落具有很强的抵抗力，因此安全性非常高。

（3）LoRa 技术与 ZigBee 技术的对比

ZigBee 技术基于用于创建个人局域网的高级通信协议。ZigBee 技术的通信范围约 10 m，适合需要在很短距离内传输数据的应用场景。ZigBee 技术也可通过多个中间设备构建一个大的网状拓扑结构实现长距离数据传输，但该方法消耗功率较大，不适合要求低功率的应用场景。然而，LoRa 技术基于星形拓扑结构，避免了中间设备的数据传输，从而在很大程度上降低了功率消耗。

（4）LoRa 技术与 NB-IoT 技术的对比

NB-IoT 技术是指窄带物联网技术。NB-IoT 技术和 LoRa 技术都是正在兴起的重要技术。它们之间的区别是 LoRa 耗电量较 NB-IoT 低，NB-IoT 数据传输效率较 LoRa 高。LoRa 技术基于 ALOHA 协议异步传输数据，而 NB-IoT 技术基于 FDMA 协议传输数据。因此，NB-IoT 技术需要频繁地同步，这导致了更高的电池消耗；但 NB-IoT 技术频繁地同步降低了延迟并提高了数据传输速率。因此，那些即需要低延迟又需要高数据速率的应用可使用 NB-IoT 技术，而具有较低数据速率要求的应用可选择 LoRa 技术。

思考题

1. 通信系统的组成部分有哪些？
2. 各种无线通信技术的优缺点有哪些？
3. 在实际应用中如何选择合适的数据传输方式？

第 4 章

牧场大数据

大数据（big data）是指无法在可容忍的时间内用传统 IT 技术和软硬件工具对其进行感知、获取、管理、处理和服务的数据集合。大数据是具有"5V"特性的数据集合，即大量（volume）、高速（velocity）、多样（variety）、低价值密度（value）和真实性（veracity）。由于在既定时间内用常规软件工具捕捉、管理和处理大数据面临方法和能力两方面的困难，因此需要新处理模式才能对付它们，发挥它们作为信息资产的价值。在维克托·迈尔-舍恩伯格的《大数据时代》中表述大数据的获得和处理不能用抽样调查中的随机分析法这样的捷径，而是用对所有数据进行分析处理的方式。显然，这些应对大数据的处理策略、方法和工具都是革命性的。

本章教学课件

4.1 牧场大数据来源和种类

牧场大数据来源和种类

智慧牧场中数据的收集与处理

牧场数据是生产链各级各类活动记录的总和。牧场最基本的记录种类和数量都有限，包括家畜存栏量、出栏量、兽医诊疗记录、饲料和饲喂记录、家畜生产性能记录、销售记录和用工记录等。虽然各个牧场记录内容各有侧重，但是其中会计科目的记录是标准化的。历史上最初记录写在各种纸质报表上，用来支撑牧场管理；20世纪90年代计算机普及后牧场数据基本上就数字化了。这是一次牧场数据管理的飞跃，数字化使数据管理、传输和使用效率均有大幅提升。这个阶段数据的生成和采集主要还是人工完成的，数据量并没有增加太多。

近10年来，信息技术、传感技术和物联网技术在牧场中逐渐应用，数据自动生成和采集技术使数据量猛增，数据存贮、管理和使用都成了问题。牧场遇到的此种状况和其他行业遇到的数据爆炸的情况大同小异，只不过发生得更晚一些。这也给牧场提供了解决数据问题的借鉴和参考，畜牧业几乎是毫不犹豫地把大数据作为自己的解决方案。行业头部企业雄心勃勃地开始建设智慧牧场。

智慧牧场可依靠牧场大数据、云计算和物联网共同组成一个完整数据链，形成一种新的技术体系。智慧牧场将人、机、牧三者互联，即实现人与人连接、牧场与牧场连接、人与牧场连接。它通过感知、传输、处理和控制等现代信息技术，提供智能和安全的一体化生产模式。智慧牧场较普通牧场而言，管理更精确更高效。

所谓牧场大数据可近似地理解为在牧场产生的所有具有"5V"特性的数据的集合。广义而言，牧场大数据是指在牧场信息感知、定量决策、智能控制、精准投入、个性化服务等运营管理各环节所产生或涉及的畜牧全产业链条中畜牧生产、贸易、加工、流通等各领域的整体庞大的数据集合。狭义而言，牧场大数据是指在牧场环境监测、自动控制、指挥调度、统计决策等诸单元从传感层、传输层、服务层和应用层等产生的数据集合。牧场大数据具有多维度、全样本和多类型的特点。

大数据是智慧牧场运营管理的核心要素和前提。牧场大数据是实现牧场可视化、远程诊断、精准感知和灾变预警的基础，是支撑牧场信息化、智能化和智慧化的重要数字资产。牧场大数据的数量大是一个相对概念，但种类多样是非常明显的特征。根据数据来源，牧场大数据包括但不限于以下7类。

（1）牧场养殖品种数据

牧场养殖对象的品种是影响牧场产品质量及效益的关键因素，包含产地、外貌特征、生产性能等信息，并包含在牧场生产经营过程中动态变化的个体信息相关数据。此类数据主要来自引种单位及相关畜牧兽医机构和牧场。

（2）牧场生产相关生态环境监测数据

牧场生产相关生态环境监测数据包括牧场区域的气象、水文、土壤、空气质量、光照、病虫害、动物疫情等数据。气象数据主要包括：天气状况（雨、云、阴、晴）、风力风向、日最高最低温度和平均温度、日最高最低湿度和平均湿度等。此类数据主要来自当地政府所辖的气象局、环保局、畜牧兽医局、土肥站及部分农资农业企业等。

（3）牧场生产管理数据

畜牧生产实时生产管理数据，主要包含饲料和兽药等投入品数量、品类，家畜个体和群体生长状况等数据。按照生产环节大致分为饲草料供应、畜禽品种、营养调控、疫病防控、粪污消纳与环境控制、产品质量和安全监控等各环节相关数据。此类数据主要来自饲料兽药生产企业、政府部门和牧场自身。

（4）牧场经营数据

牧场经营数据包括牧场生产涉及的投入品和产品生产、采购、运输、销售贸易、加工等各环节的相关数据。国内外市场数据，如畜牧成品、半成品、深加工产品等的市场供求信息数据，以及农资流通数据、农产品价格与农产品流通数据、农产品质量可追溯数据。这类数据是畜牧业向市场端延伸数据。此类数据主要来自政府、农资企业等相关单位、部门和牧场自身。

（5）牧场配置服务数据

牧场配置服务数据包括农业经营主体的征信数据、土地流转数据等，与银行贷款、保险信用、牧场生产相关，主要来源于农产品流通数据、土地流转数据所有者以及土地流转供求双方、部分农业供求信息网等。

（6）牧场运行的支撑数据

牧场运行的支撑数据包括智慧牧场相关的互联网、物联网、云计算和传感设备运行数据等。这类数据主要来源于相关政府、企业和牧场自身。

（7）牧场区域的农业大数据

牧场大数据还包含舍饲化圈舍管理单元前端或后端可能涉及的农业大数据，包括：牧场及草地所在区域的气象特征数据（大环境整体数据）、动物植物生物信息数据（如基因数据库、GenBank 数据）、资源环境数据（含遥感空间数据等）、饲草料作物种植及管理数据（地形地貌、种子、空气、土壤、水、肥料、药、能源、人工等数据）、饲草料作物生长监测数据（牧场及草场相关土壤、空气等数据）、饲草料作物四情（苗情、墒情、病虫情、灾情）数据、饲草料作物生产及管理用（采集、监测、预警、决策、调度）数据、光温风热水及降水量等小气象和小气候数据、农业统计数据（如农业机械化管理、种质资源管理等各类农业部统计报表相关数据）等。此类数据主要来自农业农村局、气象局等相关单位、部门和牧场自身。

▶ 学习与讨论

对智慧猪场的思考

上述 7 类是经常使用的热数据，结构化数据。当然，按照大数据的定义，这 7 类数据根本就是常规数据，普通的微机就能处理它们。但我们认为它们是大数据的一部分，使用价值密度高的部分，大数据应该包括它们而不是将它们排出。实际上，牧场大数据中更多的是非结构化或半结构化的数据，如监控视频、声像数据等。

4.2 数据使用频率和数据寿命

编者导学
数据使用频率和数据寿命

数据使用频率是划分数据种类的一种依据。在应用领域，按照数据使用频繁程度将数据分为冷数据、温数据和热数据。大致而言，热数据是半年以内使用的数据，温数据是半年到一年时间内使用的数据，冷数据是很少使用或者几乎不用的数据。但是这个时间划分不是绝对的，只是从使用频率和大致时间上予以区分。依据存放方式分，热数据一般存放于数据库，便于查询；温数据一般放于云上，便于储存；冷数据一般放于硬盘，便于备份。同样，关于不同数据存放分类也是相对的，并不是一成不变的。

按照使用频率，数据也可分为实时数据和历史数据。实时数据又称业务数据，会被各个层面多方分析挖掘，经常使用，与热数据相似。历史数据主要供备份查询，比如农业无人机获得的数据或摄像监控获得的数据等，与冷数据基本相似。涉及农产品和畜禽产品可追溯体系相关的各项数据也基本上可归为历史数据。

不管按照什么标准对数据进行分类，主要目的还是要把常用的数据放在最容易查询的位置，包括物理存储位置和索引位置。使用频率是较好的分类依据，在技术实现上也可行。显然，数据使用频率并不能和数据价值相提并论，它们是数据的两种不同属性。若没有具体的场景和前提，我们并不能判断低频使用数据有无价值或价值大小。

数据寿命是近几年才热议的一个命题。在不同的语境下数据寿命的含义是不同的，基本可分为两类：一类是某项数据再也没有使用价值了，寿终正寝；另一类是数据在某种介质上到底能保存多长时间。

从数据使用价值上讲，绝大部分数据的寿命是有限的。因为随着数据年龄增加，使用价值递减，在一段时间过后大部分数据可能会无人问津。但是，这些数据可能在若干年后又会被用到。从这个意义上讲，数据寿命似乎都是无限的。于是有学者提出，用数据仓库把历史数据都存起来，需要做的只是汇总和数据清洗。显然，我们在这个问题上并没有肯定的结论。

数据寿命的另一个含义是在既定介质中的存储时间。存储在 CD 或 DVD 这类介质上的数据可保存几十年的时间，之后数据将随着介质材料的物理性老化而消失。一直以来研究人员都在寻找延长数据存储时间的方法。在近期发表的一项研究中，英国南安普顿大学的科学家们展示的新型数据存储技术的有效期限在室温条件下约为 3×10^{20} 年。这向永久性数据存储的理想迈进了一步。他们的有关研究论文发表在《物理评论快报》上。在这个信息时代越来越多的数据被生产出来，如何在材料物理老化的前提下长期存储数据就成为广受关注的技术课题。很多个人、公司和政府部门都对永久性数据存储技术感兴趣，并希望将其应用于军事、科学以及保密领域。目前在市场上销售的产品中可看到这一领域已经取得的进展，日本日立公司开发的一款产品可将数据保存数百万年之久。

传统上在数据存储与寿命以及容量之间存在一种权衡关系。那些能存储大容量信息的存储介质寿命往往比较短。例如，物理学家们展示用单独的原子存储海量信息的技术,在室温条件下这种存储介质的维持时间仅有约 10 ps(1 ps = 10^{-12} s)。显然,这基本上没有实用价值。既拥有超长寿命也拥有巨大的容量才是技术目标。用飞秒激光器发射超短波激光脉冲照射石英晶体,这束激光就会在适应晶体内产生纳米级小点,每一个小点携带 3 bit 的信息。之所以能让每个小点携带 3 bit 信息,是因为激光脉冲用了多层编码方式,即每一个小点都包含三个不同的微层面结构,其中记录了入射激光脉冲的强度和偏振性。用这项技术,一张 CD 或 DVD 大小的光碟,假设其拥有 1 000 个记录层,那么它的数据存储容量可达到数百 TB。这一存储系统的退化核心机制是其纳米栅格之间的纳米空洞的坍塌崩溃时间,这个时间就是这种存储系统的寿命。这些纳米空洞一旦崩塌,存储在栅格结构中的数据也就随之丢失。研究人员计算这一栅格系统退化的时间,在室温下其寿命大约为 3×10^{20} 年。这显示了其无与伦比的优越性能。随着环境温度的上升,该系统的使用寿命会相应减少,但即便是在 189℃ 的高温环境下其寿命仍然长达大约 138 亿年。这已经和宇宙的年龄相当。此前研究人员开发的光学存储系统原理与这项技术有相似之处,但因其数据写入慢而降低了实用价值。

4.3 数据使用策略

牧场大数据具有大数据本身的"5V"特征,牧场数据量大是不争的事实。牧场数据多样性丰富,非结构化的数据越来越多,特别是音频和视频等多类型数据。牧场数据增长速度越来越快,这对数据储存和处理要求越来越高。牧场数据来源于各类设备,数据使用价值密度各异,对数据进行深入挖掘和正确使用尤其重要。

智慧牧场大数据在发展和应用中有 4 个方面的趋势尤其值得关注。一是数据的资源化优势越来越明显。大数据已经成为企业和社会关注的重要战略资源,并已成为竞相抢夺的新焦点。企业有必要提前制定大数据营销战略计划,抢占市场先机。二是大数据与云计算的深度结合。有人曾把大数据和云计算比作硬币的正反两面,非常形象地展示了二者关系。大数据离不开云处理,云处理为大数据提供了弹性可拓展的基础设备,是产生大数据的平台之一。除此之外,物联网、移动互联网等新兴计算形态,也将一齐助力大数据技术,让大数据应用发挥出更大的影响力。三是数据泄露泛滥。企业需要确保自身以及客户的数据安全。四是数据管理和使用已成为智慧牧场核心,是获取竞争力的关键。

当前我国智慧牧场发展面临牧场数据采集、传输、挖掘和应用整合程度低的问题。智慧牧场应用试点项目大多数停留在信息的简单传输与显示,与相关产业融合深度不够,缺乏智能化解决畜牧业实际问题的手段。目前很多大数据中心也仅仅是数据使用策略的展示,仅仅显示某个场景,并不是数据使用的全过程问题的解决和运行。

探究影响牧场畜禽生产性能的因素,掌握畜禽产品、生产资料投入品价格的波动等都需要数据的支撑,采集的数据越多、越完整,智能预测模型的预测准确率就越高。从目前情况来看,畜牧业数据采集覆盖面不足,缺乏准确性与权威性。数据整合程度与数据标准化程度低,缺乏信息数据共享机制。另外,大数据标准化体系亟待构建。如果牧场收集数据不完整或者只能收集某种或某几种产品或生产资料投入品的信息,所建立的智能模型、预警模型和管理大数据系统的价值就大打折扣。因此,智慧牧场相关数据的自动采集是当务之急。

通过对牧场数据进行采集,用算法进行智能分析和挖掘,可预测牧场生产趋势、总结养殖经验和发现畜牧生产规律,对智慧牧场经营决策具有重要作用。充分挖掘和使用牧场数据资源中的价值,实现生产数据与标准化管理的深度融合,可为牧场生产经营提供智能化精准服务。

目前,传统牧场是畜牧业主流,养殖成本持续增加、降本增效难、畜牧生产情况难掌握、环保压力大、人才流失严重和融资难等问题广泛存在。畜牧产业数字化仍处于初级阶段,存在生产流程复杂及各环节连接不畅通、标准程度低及生产管理随意性大、一线生产数据采集难度大和市场前景无法预知等问题。智慧牧场的建立将较好地解决这些问题。

4.4 大数据存储

牧场常规数据基本上都是结构化数据。经过长年累月发展,结构化数据在存储系统、存储技术、存储方式、存储设备、存储空间和存储管理和存储结构等方面的技术都相当成熟。若是海量结构化数据,则分布式并行数据库系统存储是经常选项。Greenplum 是基于 PostgreSQL 开发的一款海量并行处理架构的、无共享的分布式并行数据库系统。Greenplum 用 Master/Slave 架构管理数据。Master 只存储元数据,真正的用户数据散列存储在多台 Slave 服务器上,所有的数据都在其他 Slave 节点上存有副本,从而提高了系统可用性。

📱学习与讨论
联盟区块链技术和应用

大数据中大量非结构数据的出现使常规技术的数据存储和管理面临新的数据挑战。已有两种类型的大数据存储技术逐渐发展,它们分别是分布式文件系统和 NoSQL 数据库。

4.4.1 用分布式文件系统来存储海量非结构化数据

📱学习与讨论
区块链在产品溯源中的应用

比较代表性的分布式文件系统是 Google 的 GFS 和开源的 HDFS(Hadoop distributed file system)。HDFS 是主/从结构,由一个名字节点和多个数据节点组成,适用于大数据集应用程序,可承受高吞吐量的数据访问模式。HDFS 开放 POSIX 的必须接口,容许流式访问文件系统的数据。HDFS 具有很强的可扩展性,它将大规模数据分割为多个 64 MB 的数据块,存储在多个数据节点组成的分布式集群中。若是数据规模增大,HDFS 在集群中增加数据节点即可。同时每个数据块会在不同的节点中存储三个副本,具有高容错性。数据分布式存储可提供高吞吐量的数据访问能力,在海量数据批处理方面有很强的性能表现。

对云计算的定义是:"云计算是一种模式,能以泛在的、便利的和按需的方式通过网络访问可配置的计算资源(如网络、服务器、存储器、应用和服务),这些资源可实现快速部署与发布,并且只需要极少的管理成本或服务提供商的干预。"这个定义基本说清了云计算具有的五个基本特征:①按需获得的自助服务;②广泛的网络接入方式;③资源的规模池化;④快捷弹性的服务资源配置;⑤可计量的便宜的服务。云计算的技术、服务模式、理念均在不断演进和发展。

从技术发展角度看,云计算是分布式计算、并行计算、网格计算、多核计算、网络存储、虚拟化、负载均衡等传统计算机技术发展到一定阶段与互联网技术融合发展的产物。云计算的目标在于通过互联网把无数个计算实体(节点)整合成一个具有强大计算能力的"巨型机"系统,把强大的计算能力提供给终端用户。

从产业发展角度来看,互联网的快速发展使得用户可参与信息的制造和编辑,从而导致信息出现无限增长的趋势。这是云计算产生的根源。摩尔定律的终结意味着依靠硬件性能的提升无法解决信息无限增长的问题。怎样低成本、高效、快速地解决无限增长的信息和计算之间的矛盾是现实难题。云计算的出现恰好可解决这个难题,同时它还使IT基础设施可深度资源化和服务化,使用户可按需定制自己的计算资源。

通过不断提高云计算平台的处理能力,减少终端用户的处理负担,可以让终端用户使用低配的计算终端享受到具有强大计算处理能力的云计算服务。云计算不仅改变了网络应用的模式,也成功带动IT、物联网、电子商务等诸多产业强劲增长,推动信息产业整体升级的基础。牧场大数据的应用也受益于云计算,它实际上加速了畜牧产业建设转型升级,有效推进了畜牧业信息化。云计算在畜牧业行政管理、生产经营、为农服务等方面的创新应用,引领了现代畜牧业的信息化建设。云计算的三种主要的服务模式是软件即服务、平台即服务和基础设施即服务。

4.5.1 软件即服务

软件即服务(software as a service,SaaS),以服务的方式将应用软件提供给互联网终端用户。开发商将应用软件统一部署在自己的服务器上,客户可根据自己实际需求,通过互联网向开发商定购所需的应用软件服务,按定购的服务多少和时间长短支付费用,并通过互联网获得服务。

用户无须购买及部署软件,也无须对软件进行维护,所有的数据都存储在开发商的服务器上,用户在任意一台计算机上打开浏览器,登录账号即可使用相关服务。典型SaaS应用如Salesforce的Sales Cloud(在线CRM)、微软的Office Online(在线办公系统)、用友的在线财务系统等。

4.5.2 平台即服务

平台即服务(platform as a service,PaaS),以服务的方式提供应用程序开发和部署平台。它是指将一个完整的计算机平台,包括应用设计、应用开发、应用测试和应用托管,都作为一种服务提供给客户。PaaS服务主要面对应用开发者,在这种服务模式中，开发者不需要购买硬件和软件，只需要用 PaaS 平台就能够创建、测试和部署应用和服务，并以 SaaS 的方式交付给终端用户。典型的 PaaS 服务如谷歌的应用程序引擎（AppEngine）、微软的 Azure 平台、Salesforce 的 Force.com 等。

4.5.3 基础设施即服务

基础设施即服务（infrastructure as a service，IaaS），以服务的形式提供服务器、存储和网络硬件以及相关软件。它是三种主要服务模式的最底层，是指企业或个人可使用云计算技术来远程访问计算资源，包括计算、存储以及应用虚拟化技术所提供的相关功能。无论是终端用户、SaaS 提供商或 PaaS 提供商都可从基础设施服务中获得应用所需的计算能力，但却无须对支持这一计算能力的基础 IT 软硬件付出相应的原始投资成本。世界范围内知名的 IaaS 服务有亚马逊的 AWS、微软的 Azure、谷歌的谷歌云、阿里巴巴的阿里云、腾讯的腾讯云、电信的天翼云等。

在此三种基本服务模式之上，又延伸出数据即服务（data as a service，DaaS）、桌面即服务（desktop as a service，DaaS）、通信即服务（communications as a service，CaaS）、数据库即服务（database as a service，DBaaS）等很多新服务概念。

4.5.4 云计算的部署方式

按照部署方式、服务对象和服务范围将云计算分为公有云、行业云、私有云和混合云四种。牧场大数据与行业云联系紧密。

（1）公有云

公有云由云服务提供商运营，为各类终端用户提供从应用程序、软件运行环境到物理基端设施等各型 IT 资源。云服务提供商保证所提供资源安全性和可靠性等共性公共需求，终端用户不需关心具体资源由谁提供、如何实现等问题。公有云的价格是相对最低的，但由于多人共享同一套基础设施，在隐私性、安全性方面风险较高。

（2）行业云

行业云是由行业内或某个区域内起主导作用或者掌握关键资源的组织建立和维护，以公开或者半公开的方式向行业内部或相关组织和公众提供有偿或无偿服务的云服务。行业云比公有云使用价格高，但隐私度、安全性和政策遵从都比公有云高。

（3）私有云

私有云是由企业自建自用的云计算中心，相对于传统 IT 架构，私有云可支持动态灵活的基础设施，降低了 IT 架构的复杂性，使各种 IT 资源得以整合和标准化，更加容易满足企业发展的需要。私有云用户完全拥有整个云计算中心的设施（如中间件、服务器、网络及存储设备等），隐私性、安全性是最好的，但建设成本较高。

（4）混合云

混合云的基础设施是由上述两种或两种以上的云组成，每种云仍然保持独立性，但需用标准的或专有的技术将它们组合起来，使云中存储的数据和应用程序相互联通。例如，企业常常选择将核心应用部署在私有云上，将安全要求较低的对外服务应用部署在公有云上，从而寻求一种安全性与成本之间的平衡。

4.5.5 虚拟化技术

服务器虚拟化，即将一个物理服务器虚拟成几个相互隔离的虚拟机，把它们当成若干个服务器供给不同用户使用或同时提供不同的服务功能，提高了服务器 CPU 的使用率。虚拟化技术作为云计算的基础技术之一，在云服务系统中发挥着不可替代的作用。

存储虚拟化即将整个云系统的存储资原进行统一整合管理，为用户提供一个统一的存储空间。

应用虚拟化解除了应用与操作系统和硬件的耦合关系，通过将应用程序运行在虚拟环境中，为应用程序屏蔽了可能与其他应用产生冲突的内容。

平台虚拟化即集成各种开发资源虚拟出的一个面向开发人员的统一接口，软件开发商可方便地在这个虚拟平台中开发各种应用并嵌入到云计算系统中，使其成为新的云服务。

桌面虚拟化将用户的桌面环境与其使用的终端设备解耦，服务器上存放着每个用户的完整桌面环境，用户可使用不同的终端设备通过网络访问该桌面环境。

从服务提供方视角来看，虚拟化技术有助于提高资源的利用率。从用户的视角来看，虚拟化技术可提供一个共享的资源池，降低用户的总成本、系统部署和维护的时间成本，给用户提供既方便又便宜的计算、存储、通信服务。成本更低，用户体验更好，是虚拟化技术得以迅猛发展的根本驱动力。

虚拟是相对于真实而存在的，它打破了原先物理资源池之间的壁垒，将原本运行在物理环境上的计算机系统或其他组件运行在虚拟出来的环境中，随之物理资源也转变为逻辑上可管理的资源。随着共享经济的迅速发展，这种供求关系将会催生新的、简单高效的资源管理与使用模式，有望在以后的日常生活中普及，虚拟化不只为节约资源而存在，而且会引领一个新经济时代的到来。

虚拟机技术是云计算系统提高计算资源利用率的重要技术手段。例如，绝大多数网站的访问流量都是不均衡的。有的网站白天访问量很低，到了晚上流量就会暴涨；有的网站访问季节性很强，平时访问量不大，但是到了春节前访问量会非常大；还有的网站平时一直默默无闻，但是由于某些突发事件，使其访问量暴增而陷入瘫痪。网站运营者为了应对这些突发流量，不得不按照峰值来配置服务器和网络资源，造成资源的平均利用率只有 10%~15%。按照峰值配置服务器和网络资源显然是实用但不经济的方案。

云计算系统通过虚拟化技术构建一个超大规模的资源池；对于每个租用者，可根据需要动态地为其分配资源和释放资源，这就不需要按照峰值预留资源。由于云计算平台的规模很大，租用者数量非常多，支撑的应用种类繁多，实现整体的负载均衡比较容易实现。云计算平台的资源利用率可达到约 80%，当然，对于实时性要求高的交互式应用难达到这么高的利用率。谷歌的在线应用服务器的平均 CPU 利用率约为 30%。

云计算系统不仅为大数据安全与隐私保护供了很强的计算处理能力，而且显著地提高了效率，成本也更低廉。

计算虚拟化技术的实现形式，是在系统中加入一个虚拟化层，将下层资源抽象成另一种形式的资源，供上层调用。计算虚拟化技术的通用实现方案，是将软件和硬件相互分离，在操作系统与硬件之间加入一个虚拟化软件层，通过空间上的分隔、时间上的分时，将物理资源抽象成逻辑资源，向上层操作系统提供一个虚拟的服务器硬件环境，使上层操作系统可直接运行在虚拟环境上，并允许具有不同操作系统的多个虚拟机相互隔离，并发运行在同一台物理机上，从而提供更高的 IT 资源利用率和灵活性。

计算虚拟化软件，需要模拟出高效独立的虚拟计算机系统，这种系统称为虚拟机。在虚拟机中运行的操作系统软件，我们称之为 Guest-OS。

虚拟化软件层模拟出来的每台虚拟机都是一个完整的系统，它具有处理器、内存、网络设备、存储设备和 BIOS。在虚拟机中运行应用程序及操作系统，与在物理服务器上运行并没有本质区别。

计算虚拟化软件层，通常称为虚拟机监控器（virtual machine monitor，VMM），又称 Hypervisor。其常见的软件栈架构方案为 Type-1 型和 Type-2 型两类。在 Type-1 型中，VMM 直接运行在裸机上。对于 Type-2 型则在 VMM 和硬件之间还有一层宿主操作系统。根据 Hypervisor 对于 CPU 指令的模拟和虚拟实例的隔离方式，计算虚拟化技术可细分为五个子类。

（1）全虚拟化（full virtualization）

全虚拟化是指虚拟机模拟了完整的底层硬件，包括处理器、物理内存、时钟、外设等，使得为原始硬件设计的操作系统或其他系统软件完全不做任何修改，就可在虚拟机中运行。

虚拟化 VMM 以完整模拟硬件的方式提供全部接口，如果硬件不提供虚拟化的特殊支持，则这个模拟过程会十分复杂。一般而言，VMM 必须具有最高优先级来完全控制主机系统，而 Guest-OS 需要降级运行，从而不能执行特权操作。全虚拟化 VMM 有 Virtual PC、VMware Workstation、Sun Virtual Box 等。

（2）超虚拟化（paravirtualization）

超虚拟化是一种修改 Guest-OS 部分访问特权代码以便直接与 VMM 交互的技术。在超虚拟化的虚拟机中，部分硬件接口以软件的形式提供给 Guest-OS。由于不会产生额外的异常和模拟硬件执行流程，超虚拟化可大幅度提高性能。有名的超虚拟化 VMM 有 Denali 和 Xen。

（3）硬件辅助虚拟化（hardware-assisted virtualization）

硬件辅助虚拟化是指借助硬件支持，来实现高效的全虚拟化。在这种模式下，VMM 和 Guest-OS 的执行环境完全隔离开，Guest-OS 有自己的全套寄存器，可在最高级别权限下运行。Intel-VT 和 AMD-V 用的即是硬件辅助虚拟化技术。

（4）操作系统级虚拟化（OS-level virtualization）

在传统操作系统中，所有用户的进程本质上是在同一个实例中运行的。操作系统级虚拟化是一种在服务器操作系统中使用的轻量级的虚拟化技术。内核通过创建多个虚拟的操作系统实例来隔离不同的进程，使不同实例中的进程完全相互独立。使用这种技术的有 Solaris Container、FreeBSD Jail 和 Open VZ。

亚马逊弹性计算云（elastic compute cloud, EC2）就是最早的虚拟机技术在云服务中大规模成功应用的案例。亚马逊的 EC2 使用 Xen 虚拟化技术。每个虚拟机又称作实例，能够虚拟出小、大、极大三种能力的虚拟私有服务器。亚马逊用 EC2 计算单元（EC2 compute unit）去分配硬件资源。

4.5.6 容器技术

容器（container）技术与传统虚拟化等技术相比在生产应用中优势明显，主要表现在部署便捷、管理便利、利于微服务架构的实现、弹性伸缩、高可用性等。它快速改变着公司和用户创建、发布、运行分布式应用的方式。容器技术有三个核心的概念：镜像（image）、容器和仓库（repository）。Docker 是一个开源的应用容器引擎，本节以 Docker 为例进行介绍。

镜像是基于联合文件系统的一种层式结构，其内部包含运行容器的元数据。Dockerfile 是一个用来构建镜像的文本文件，文本内容包含了多条构建镜像所需的指令。Dockerfile 中的每条命令都会在文件系统中创建一个新的层次结构，文件系统在这些层次上构建起来，镜像就构建于这些联合的文件系统之上。

容器是从镜像创建的运行实例。它可被启动、开始、停止和删除。每个容器都是相互隔离的，保证平台的安全。可把容器看作一个简易版的 Linux 环境，Docker 用容器来运行应用。

仓库是集中存放镜像文件的场所，仓库注册服务器（registry）上往往存放着多个仓库，每个仓库中又包含了多个镜像，每个镜像有不同的标签（tag）。目前，最大的公开仓库是 Docker 仓库，存放了数量庞大的镜像供用户下载。Docker 仓库可以用来保存用户镜像，当我们创建了自己的镜像之后就可使用 push 命令将它上传到公有或者私有仓库，这样下次要在另外一台机器上使用这个镜像的时候，只需要使用 pull 命令从仓库上下载下来就行了。

容器技术的实现依赖于三个核心技术，即隔离机制（namespace）、资源配额（Cgroups）和虚拟文件系统（AUFS），如图 4-1 所示。

Linux 容器（Linux container, LXC）的隔离机制通过命名空间（Namespaces）实现。Namespaces 将容器的进程、网络、消息和文件系统隔离开，给每个容器创建一个独立的命名空间。

资源配额技术实现了对资源的配额和度量。LXC 提供了一种操作系统级的虚拟化方法，借助于 Namespaces 的隔离机制和资源配额的限额功能来管理容器。

联合文件系统（UnionFS）是一种支持将不同目录挂载到同一个虚拟文件系统下的

Docker
LXC(Linux)容器
虚拟文件系统
资源配额
隔离机制
Linux内核

图 4-1 Docker 系统架构

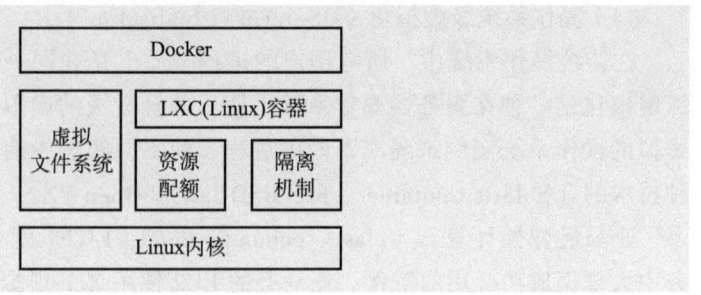

文件系统。

Docker 虚拟文件系统如图 4-2 所示。Docker 镜像位于 bootfs（bootfs 包含 Linux 内核和引导程序）之上；每一层镜像的下面一层称为父镜像，相邻两层镜像之间为父子关系；第一层镜像为基础镜像，容器在最顶层，其下的所有层都为只读层。Docker 将只读层称作镜像。

以 Docker 为例，容器技术与虚拟机技术的差异如图 4-3 所示。具体体现在：①操作系统运行方式不同，虚拟机的操作系统是运行在宿主机操作系统之上的独立操作系统，它可与主机操作系统不同。容器与宿主机共享一个操作系统。②镜像大小不同，虚拟机镜像庞大，而容器镜像小，便于存储和传输。③性能消耗不同，虚拟机需要消耗更多的 CPU 和内存，容器几乎没有额外的性能损失。④部署和启动速度不同，虚拟机部署速度慢，启动需要 10 秒以上；容器启动速度快，以 Docker 为例，一般是秒级的速度。

Docker 是一个开源的引擎，可轻松地为任何应用创建一个轻量级的、可移植的、

容器在（可写的）
镜像（添加Apache）
镜像（添加emacs）
基础镜像（如Debian）
bootfs
内核（如LXC、AUFS/BTRFS）

图 4-2 虚拟文件系统

Docker
虚拟机
应用程序1
应用程序2
应用程序3
应用程序1
应用程序2
应用程序3
Bins/Libs
Bins/Libs
Bins/Libs
Bins/Libs
Bins/Libs
Bins/Libs
Docker引擎
虚拟机监视器
操作系统
主机操作系统
基础设施
基础设施

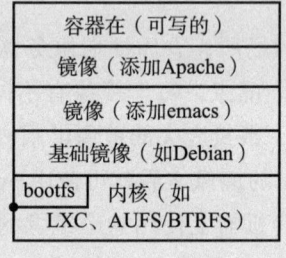

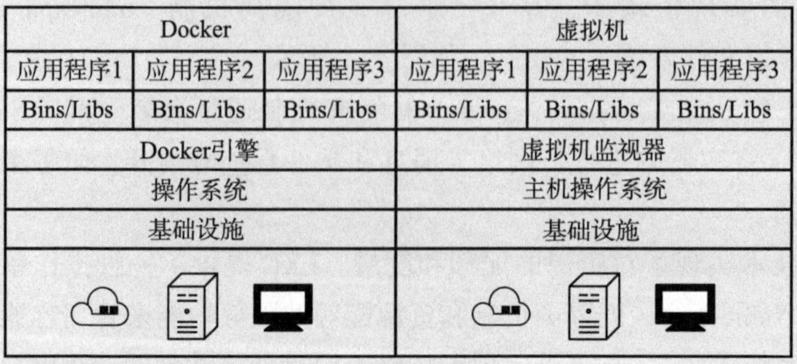

图 4-3 容器技术与虚拟化技术的比对

自给自足的容器。开发者在计算机上编译测试通过的容器可批量地在生产环境中部署，包括虚拟机（VM）、裸金属（bare metal）、OpenStack 集群和其他的基础应用平台。Docker 并非容器，而是管理容器的引擎。Docker 是应用打包和部署的平台，而非单纯的虚拟化技术。

为什么需要 Docker 呢？Docker 就是虚拟机和应用程序包（如 WAR 或 JAR 文件包）之间的桥梁。一方面，虚拟机是重量级的，即比较耗资源，因为移植时要附带完整的操作系统；另一方面，应用代码包（application code package）是轻量级的，并没有附带足够可靠地运行起来的信息。Docker 很好地平衡了这两方面。Docker 通过打包应用程序同时也打包应用程序的依赖环境来解决这个问题。

Docker 具有以下特性：①强大的可移植性。可使用 Docker 创造一个绑定所需要的应用的对象。这个对象可转移并安装在任何安装 Docker 的 Linux 主机上。②版本控制。Docker 自带 git 功能，能够跟踪一个容器的成功版本并记录下来，并且具有对不同的版本进行检测并提交新版本等功能。③组件的重用性。Docker 允许创建或是套用一个已经存在的包。例如，若是有多台机器都需要安装 Apache 和 MySQL 数据库，可创建包含这两个组件的"基础镜像"。然后在创建新机器的时候使用这个镜像进行安装就可以了。④可分享的类库。已经有上千个可用的容器被上传并被分享到一个共有仓库中。容器技术的四个特点总结如下：

（1）资源独立和隔离

资源隔离是云计算平台的基本需求。Docker 通过 Linux Namespaces 和 Cgroups 限制硬件资源与软件运行环境，与宿主机上的其他应用实现了隔离。不同应用或服务以"集装箱"（container）为单位装"船"或卸"船"，"集装箱船"（运行"集装箱"的宿主机或集群）上数千数万个"集装箱"排列整齐，不同公司、不同种类的"货物"（运行应用所需的程序、组件、运行环境、依赖）保持独立。

（2）环境的一致性

开发工程师完成应用开发后构建一个 Docker 镜像，基于这个镜像创建的容器像是一个集装箱，里面打包了各种"散件货物"（运行应用所需的程序、组件、运行环境和依赖）。无论这个集装箱在哪里（开发环境、测试环境、生产环境）都可确保集装箱里面的"货物"种类与个数完全相同，软件包不会在测试环境中缺失，环境变量不会在生产环境中忘记配置，开发环境与生产环境不会因为安装了不同版本的依赖导致应用运行异常。这样的一致性得益于"发货"（构建 Docker 镜像）时已经将"散装货物"密封到"集装箱"中，而每一个环节都是在运输这个完整的、不需要拆分合并的"集装箱"。

（3）轻量化

相比虚拟化技术，使用 Docker 在 CPU、内存、磁盘 IO、网络 IO 上的性能损耗都更小。容器的快速创建、启动或销毁受到很多赞誉。

（4）移植性强

"一次构建，随处使用"这个特性很吸引人，应用在私有云或公有云等服务之间迁移交换时，只需要迁移符合标准规格和装卸方式的 Docker Container 行了，削减了耗时费力的人工"装卸"（上线、下线应用），节约了时间和人力成本。这使未来仅有少数运维人员操作超大规模装载线上应用的容器集群成为可能。

由 Docker 主要功能特征可看出，Docker 的目标是让用户用简单的集装箱方式，快速地部署大量的标准化的应用运行环境。Dokcker 的典型应用场景包括对应用进行自动打包和部署，创建轻量私有的 PaaS 环境，自动化测试和持续整合与部署，部署和扩展 Web 应用数据库和后端服务等。

容器操作系统。Docker 发布以来，对传统的操作系统厂商产生了巨大的冲击，出现了很多容器操作系统，包括 CoreOS、Ubuntu Snappy、RancherOS、Red Hat Atomic 等。这些操作系统以支持容器技术作为主要特点，构成了新的轻量级容器操作系统的生态圈。

传统 Linux 的操作系统及发行版本出于通用性考虑，会附带大量的软件包，而很多运行中的应用并不需要这些外围包。例如，在容器中运行 java 程序，容器中安装了 JRE，而对容器外的环境不会产生任何影响。除系统需要支持的 Docker 运行时的环境之外，无用的外围包和后台服务可删掉。这可减少一些磁盘和内存空间开销。因此，全面面向容器的操作系统就这样诞生了。与其他 OS 相比，这些容器操作系统更小巧，占用资源更少，运行的速度更快。

有人认为 Docker 等同于容器，这样理解是片面的。就像传统的集装箱运输体系一样，集装箱只是其中一个核心的部件，不能用它来代表整个以集装箱为核心的运输体系。同样，Docker 也是以容器为核心的 IT 交付与运行体系，它除了包括 Docker 引擎（负责容器的运行管理）、Docker 仓库（负责容器的分发管理）之外，还有相关的一系列 API 接口，构成了一套以容器为核心的创建、分发和运行容器的标准化体系。当前主要有三种容器集群资源管理调度和应用编排的不同选择，分别是 Mesos 生态、Kubernetes 生态和 Docker 生态。

（1）Mesos 生态

Mesos 生态的核心组件包括 Mesos 容器集群资源管理调度以及不同的应用管理框架。典型的应用管理框架包括 Marathon 和 Chronos。其中 Marathon 用来管理长期运行的服务如 Web 服务，Chronos 用来管理批量任务。

Mesos 生态的工作原理如图 4-4 所示。

整个 Mesos 生态包括资源管理和分配框架以及应用框架两部分，其中资源管理和分配框架用主从模式，控制节点（master）负责集群资源信息的收集和分配，工作节点（slave）负责上报资源状态，并执行具体的计算任务。

资源管理和分配过程描述如下。

① 工作节点 1 向控制节点上报空闲资源状态。

② 控制节点根据资源分配策略，决定应该向哪个应用框架提供资源以及提供多少。

③ 应用框架的调度器决定是否接收控制节点发送的资源，应用框架同时负责接收

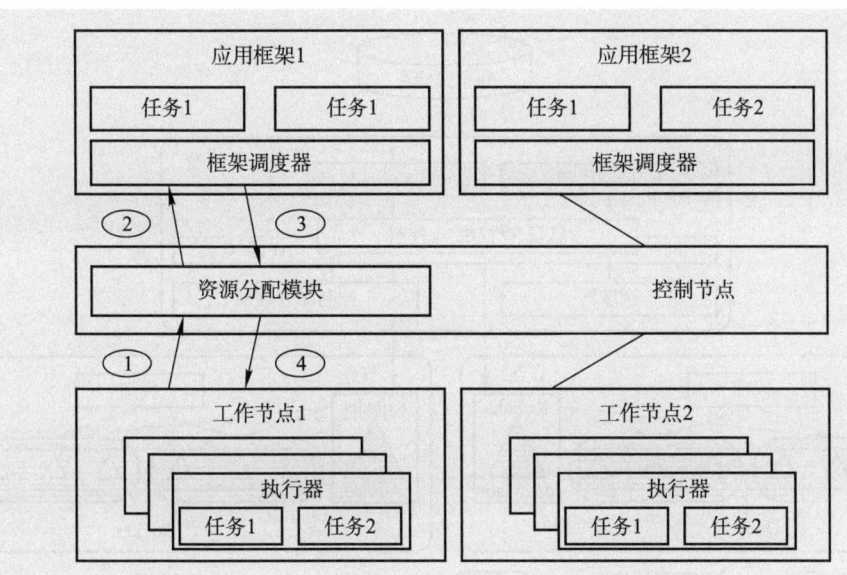

图 4-4 Mesos 生态的工作原理

和调度具体的工作任务。假设应用框架 1 决定接收资源并把两个任务调度到工作节点 1 上，则可返回相应的响应信息。

④ 控制节点把上述的响应信息发送给工作节点 1，工作节点 1 为应用框架 1 的执行器分配所需资源，执行器启动工作任务。

（2）Kubernetes 生态

Kubernetes 是谷歌公司在 2014 年 6 月宣布开源的容器资源管理和应用编排引擎。Kubernetes 生态中所涉及的基本概念有以下几点：

集群（cluster）：集群是物理机或善虚拟机的集合，是应用运行的载体。

节点（node）：节点可用来创建容器级的一个特定的物理机或者虚拟机。

容器集（POD）：容器集是最小的资源分配单位，一个 POD 是一组共生容器的集合。

服务（service）：服务是一组 POD 集合的抽象、比如一组 Web 服务器。服务具有一个固定的 IP 或者 DNS，从而使得服务的访问者不用关心服务后面的具体 POD 的 IP 地址。

复制控制器（replication controller，RC）：通过 RC 确保一个 POD 在任何时候都维持在期望的副本数，当 POD 期望的副本数和实际运行的副本数不符时，调用接口进行创建或者删除 POD。

标签（label）：标签是与一个资源关联的键值，方便用户管理和选择资源，这里的资源包括集群、节点、POD、RC 等。

1）Kubernetes 生态的总体系统架构

Kubernetes 生态的总体系统架构如图 4-5 所示。

它的核心组件可分为控制平面（master）和数据平面（node）两个部分。

控制平面包括 API 服务器（APl server）、调度器（scheduler）、控制器管理器

图 4-5 Kubernetes 生态的总体系统架构

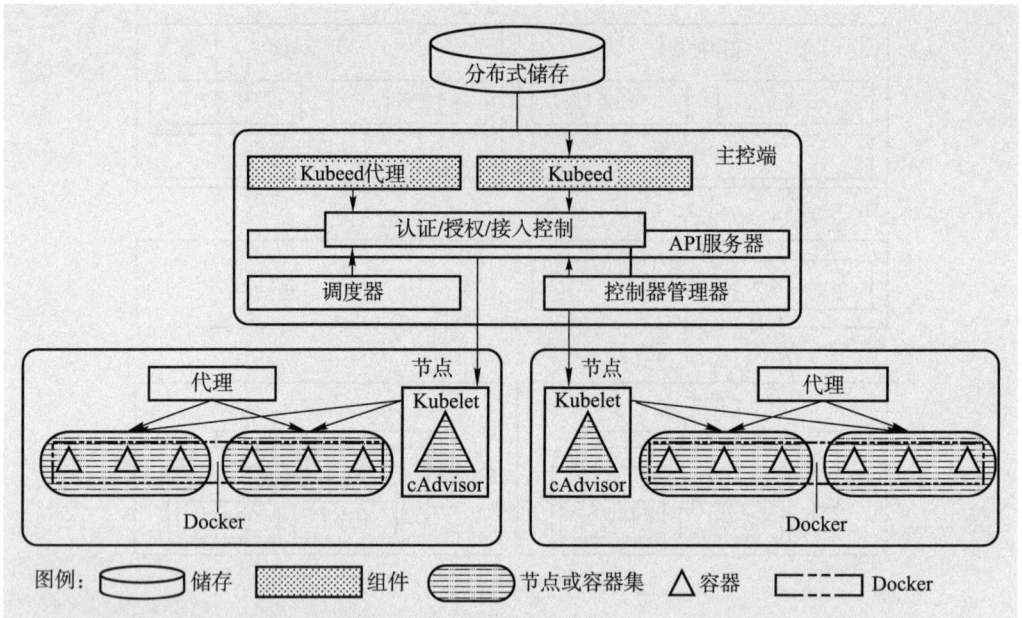

（controler manager）和分布式存储（ETCD）等几个组件。

数据平面则包含节点代理（Kubelet）、网络代理及负载均衡（Kube-Proxy）和容群集（POD）。下面分别进行简单的介绍。

API 服务器：API 服务器主要提供 Kubernetes API，提供对容器集、服务、复制控制器等对象的生命周期管理，处理 REST 操作。

调度器：调度器负责容器集在各个节点上的分配，它是插件式的，用户可自定义。

控制器管理器：所有其他的集群级别的功能目前由控制器管理器提供。其中端点控制器创建和更新服务端点；节点控制器发现、管理和监控节点。

分布式存储：所有的持久性状态都以分布式存储的方式保存，它支持 Watch 机制，会对存储的系统状态进行监视，这样组件很容易获得系统状态变化，从而快速响应节点代理。Kubelet 接收 API 服务器的指令，管理容器集生命周期，以及容器集的容器、镜像、卷等。

网络代理及负载均衡：负责简单的网络代理和负载均衡。

2）Kubernetes 容器调度

Kubernetes 调度器是 Kubernetes 众多组件的一部分，独立于 API 服务器之外。调度器和 API 服务器是异步工作的，它们之间通过 http 通信。调度器通过和 API 服务器建立连接来获取调度过程中需要的集群状态信息，如节点的状态、服务的状态、控制器的状态，以及所有未调度和已经被调度的容器集的状态等。

调度器工作步骤具体如下。

① 从待调度的容器集队列中取出一个容器集。

② 依次执行调度算法中配置的过滤函数，得到一组符合容器集基本部署条件的节

点的列表。

③ 对上一步骤中得到的节点列表中的节点，依次执行打分函数，为各个节点进行打分。每个打分函数输出一个 0~10 的分数，最终一个节点的得分是各个打分函数输出分数的加权值。

④ 对所有节点的得分由高到低排序，把排名第一的节点作为容器集的部署节点，创建一个名为 Binding 的 API 对象，通知 API 服务器将被调度容器集的节点部署到计算得到的节点上。

（3）Docker 生态

Docker 公司是通过 Swarm 项目来提供容器集群服务的，它可更好地帮助用户管理多个 Docker 引擎，方便用户使用。

Swarm 容器集群由两部分组成，分别是管理器（manager）和代理（agent），如图 4-6 所示。从简化的 Swarm 系统架构中可看出，在每个节点上会运行一个 Swarm 代理，而管理节点上则主要包含调度器和服务发现（service discovery）模块。其中，调度器模块主要实现调度功能，Swarm 创建容器时，会经过调度模块选择出一个最优节点。它包含两个子模块，分别用来过滤节点，并且根据最优策略选择节点。服务发现模块用来提供节点发现功能。分布式存储（KV store）模块保存有所有持久性状态信息。

用户容器创建时，会经过调度模块选择一个最优节点，其过程分为两个阶段：过滤和最优解点选择。

调度的第 1 个阶段是过滤，即根据条件过滤出符合要求的节点。过滤器有以下五

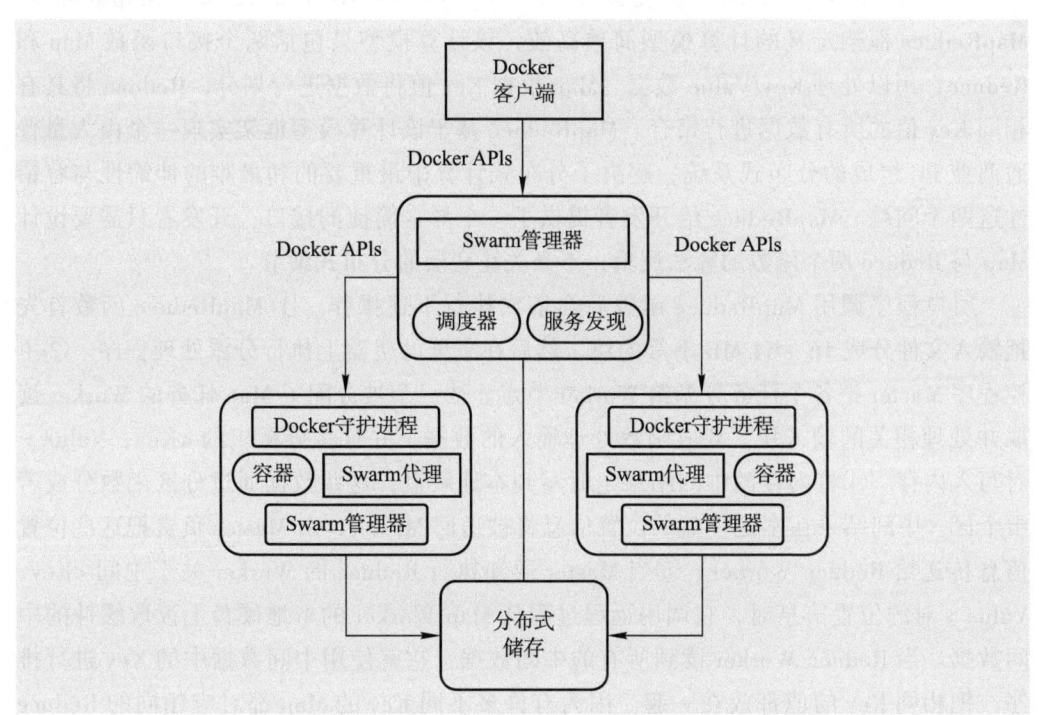

图 4-6　Swarm 系统架构

种。①约束过滤器（constraints filter）。可根据当前操作系统类型、内核版本、存储类型等条件进行过滤，当然也可自定义约束条件。②亲和性过滤器（affinity filter）。支持容器亲和性过滤和镜像亲和性过滤，可通过亲和性过滤器来实现多种容器的组合使用。③依赖过滤器（dependency filter）。如果在创建容器的时候，使用了某个容器，则创建的容器会和依赖的容器在同一个节点上。④健康过滤器（health filter）。会根据节点状态进行过滤，去除故障节点。⑤端口过滤器（ports filter）。会根据端口的使用情况过滤。

调度的第 2 个阶段是选择一个最优节点。选择策略有以下几种：① Binpack 策略，在同等条件下选择资源使用最多的节点。通过这个策略，可将容器聚集起来。② Spread 策略，在同等条件下选择资源使用最少的节点。通过这个策略，可使容器均匀地分布在每一个节点上。③ Random 策略，随机选择一个节点。

4.5.7 分布式计算系统

在讨论分布式计算系统的时候，MapReduce 和 Hadoop 是必不可少的两个系统。它们处理大数据的思路已被广泛运用。

4.5.7.1　MapReduce 大数据处理框架

信息量随着互联网发展呈爆炸性增长，催生云计算大数据服务。搜索引擎和电子商务系统是最早成功的商业化大数据服务系统。在谷歌大数据处理系统中广为人知的三个核心技术是计算架构 MapReduce、分布式文件系统 GFS 和数据管理系统 BigTable。其中，MapReduce 影响最大。

谷歌在 2004 年的操作系统设计与实现大会（OSDI）上发布了 MapReduce。MapReduce 框架定义的计算模型简单高效，该计算模型只包括两个接口函数 Map 和 Reduce，用以处理 Key/Value 数据。Map 根据 Key 值将数据进行划分，Reduce 将具有相同 Key 值的所有数据进行聚合。MapReduce 基于该计算模型框架实现一个由大量普通商业 PC 组成的分布式系统，解决了分布式计算中最重要的和最难的伸缩性与容错性这两个问题。MapReduce 给开发者提供了一个异常简捷的接口，开发者只需要设计 Map 与 Reduce 两个函数的算法逻辑，不必关注底层的分布式细节。

用户程序调用 MapReduce 函数后会依次执行下述操作。① MapReduce 函数首先把输入文件分成 16～64 MB 不等的块，然后在集群的机器上执行分派处理程序。②主控程序 Master 把各个任务分派给 Worker 节点。③一个被分配了 Map 任务的 Worker 读取并处理相关的输入块。Map 函数处理输入的数据，并且将分析出的 <Key，Value> 对写入内存。④将内存的中间结果定时写到本地硬盘，这些数据通过分区函数分成若干个区。中间结果在本地硬盘的位置信息将被送回 Master，由 Master 负责把这些位置信息传送给 Reduce Worker。⑤当 Master 通知执行 Reduce 的 Worker 关于中间 <Key，Value> 对的位置信息时，它调用远程过程从 Map Worker 的本地硬盘上读取缓冲的中间数据。当 Reduce Worker 读到所有的中间数据，它就使用中间数据中的 Key 进行排序，把相同 Key 的值都放在一起。因为有许多不同 Key 的 Map 都对应相同的 Reduce

任务，所以排序是必须的。如果中间结果集过于庞大则需要使用外排序。⑥ Reduce Worker 根据每一个唯一 Key 来遍历所有的排序后的中间数据，并且把 Key 和相关的中间结果值集合传递给用户定义的 Reduce 函数。Reduce 函数的结果写到一个最终的输出文件中。当完成所有的 Map 任务和 Reduce 任务时，Master 激活用户程序。此时，MapReduce 返回用户程序的调用点。

MapReduce 是近十多年来计算机系统领域最有影响力的方案之一。雅虎公司基于 MapReduce 方案开发的开源系统 Hadoop 广泛地应用在许多大公司的数据处理任务中。众多最初未以 MapReduce 范式设计的应用案例也都以 MapReduce 范式进行重设计。

当然，MapReduce 由于模型过于简化，并不是解决所有数据处理问题的万能钥匙。比如在处理如迭代计算一类的复杂计算任务时，MapReduce 显得过于烦琐，效率不高。谷歌 2014 年就弃用 MapReduce 并推出 Cloud Dataflow 作为更高效的替代方案。但 MapReduce 的许多设计理念依然堪称是伟大系统的标志，它使用廉价机器构建高效系统的设计对于后续的分布式数据处理系统有着巨大的启迪意义。

4.5.7.2 Hadoop 开源系统

Hadoop 开源系统于 2004 年上线，最初只与网页索引有关，而后迅速发展成为大数据分析的通用平台，以解决大规模 Web 数据处理问题。Hadoop 的基本思想来源于谷歌的 MapReduce，可视为谷歌云计算框架的一个开源实现。Hadoop 基于 Java 设计开发，作者主要是道·卡廷（Doug Cuting）。道·卡廷也是开源项目搜索索引程序库（Luccne）和搜索引擎（Nutch）的创始人。

Hadoop 由分布式文件系统（Hadoop distributed file system，HDFS）、MapReduce、HBase、Hive 和 ZooKeeper 等成员组成。HDFS 是一个具有高度容错性的分布式文件系统，可被广泛地部署在廉价的 PC 上。它以流式数据访问模式访问应用程序的数据。这提高了整个系统的数据吞吐量，非常适合用于具有超大数据集的应用程序中。

HDFS 架构用主从架构（Master/Slave）。一个典型的 HDFS 集群包含一个 NameNode 节点和多个 DataNode 节点。NameNode 节点负责整个 HDFS 文件系统中的文件的元数据的存管，集群中通常只有一台机器上运行 NameNode 实例，DataNode 节点保存文件中的数据，集群中的机器分别运行一个 DataNode 实例。在 HDFS 中，NameNode 节点被称为名称节点，DataNode 节点被称为数据节点。DataNode 节点通过心跳机制与 NameNode 节点进行定时通信。

NameNode 可看作是分布式文件系统中的管理者，存储文件系统的元数据，主要负责管理文件系统的命名空间、集群配置信息和存储块的复制。

DataNode 是文件存储的基本单元。它存储文件块在本地文件系统中，保存了文件块的元数据，同时周期性地发送所有存在的文件块报告给 NameNode。

4.6 可信执行环境和访问控制

可信执行环境（trusted execution environment，TEE）是智能手机、平板计算机、机顶盒、智能电视等移动设备主处理器上的一个安全区域，它可保证加载到该环境内部的代码和数据的安全性、机密性以及完整性。TEE 提供一个隔离的执行环境，提供的安全特征包含隔离执行、可信应用的完整性、可信数据的机密性、安全存储等。TEE 通过创建一个可在"安全世界"（trust zone）中独立运行的小型操作系统来实现，该操作系统由 TrustZone 内核直接处理的方式直接提供少数服务。可信执行环节环境是数据存储和数据安全的起点和重点。

在移动设备上，TEE 环境与移动操作系统（operating system，OS）并行存在，为丰富的移动 OS 环境提供安全功能。运行在 TEE 的应用称为可信应用（trusted App，TA），它可访问设备主处理器和内存的全部功能，硬件隔离技术保护其不受安装在主操作系统环境的用户 App 影响。TEE 内部的软件和密码隔离技术可保护每个 TA 不相互影响，这样可供多个不同的服务提供商同时使用而不影响安全性。总体来说，TEE 提供的执行空间比常见的移动操作系统（如 iOS、安卓等）有更高级别的安全性；比安全元素（secure element，SE，如智能卡、SIM 卡等）有更多的功能，但安全性要低一些。TEE 能够满足大多数应用安全需求，实现安全和成本的平衡。

近年来 Global Platform（GP）和可信计算工作组（TCG）都在开展 TEE 方面的工作，前者以制定 TEE 的标准规范为主，后者尝试将 TEE 规范与其可信平台模块规范进行结合以加强移动设备安全性和可信性，形成的最新规范为 TPM 2.0 Mobile。

4.6.1 可信执行环境的架构

TEE 是一个与 Rich OS 并行运行的独立执行环境，为 Rich 环境提供安全服务。TEE 独立于 Rich OS 和其上的应用来访问硬件和软件安全资源。

如图 4-7 所示，TEE 为 TA 提供了安全执行环境，它同时提供保密性、完整性并对所属 TA 的资源和数据提供访问权限的控制。在安全启动过程中，TEE 首先进行鉴权，然后从 Rich OS 中隔离出来。在 TEE 内部，TA 之间是互相独立的，在未授权访问的情况下，一个 TA 不能执行其他 TA 的资源。

TA 通过 TEE 内部 API 来获取安全资源和服务的访问权限，这里的安全资源和服务包括密钥注入和管理、加密算法、安全存储、安全时钟、可信用户界面（UI）和可信键击等。已公布的 TEE 客户端 API 是一个底层的通信接口，接口的设计目的是使 Rich OS 中的客户端应用（customer App，CA）与 TEE 中的 TA 进行交互。TEE 客户端 API 规范可从 GP 网站进行下载。为了完善整个生态系统，TEE 功能性接口给 CA 提供一系列 API 接口供 CA 调用。这些接口一般以 Rich OS 应用开发者熟悉的编程模式提供，允许访问 TEE 的部分服务，如加密算法或安全存储等。

按照 GP 标准，启动流程只在系统启动时执行一次，并且要求启动流程至少建立一

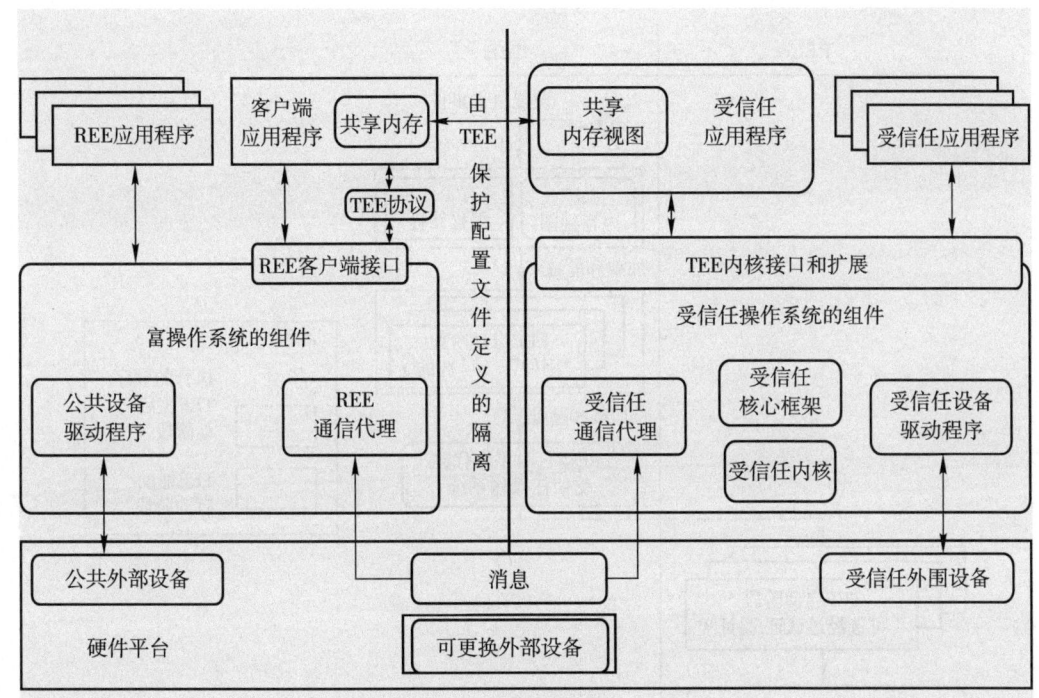

图 4-7 TEE 软件架构

个信任根。一般 Trusted OS 启动有两种情况，即 Trusted OS 首先启动或 Trusted OS 按需启动。具体流程如图 4-8 所示。

Rich OS、TEE 和 SE 三种环境的安全性及其特征比较见表 4-2。通过比较可可发现，Rich OS 作为富环境是很容易受到攻击的，而 SE 虽然很难遭到攻击，但在使用方面有很大的局限性；TEE 在 Rich OS 的性能和 SE 安全方面进行了折中。

由于 TEE 是独立于 Rich OS 的执行环境，它在提供 Rich OS 功能的同时又保障了足够的安全性。TEE 可抵挡 Rich OS 下的软件攻击，包括获取 OS 的 root 权限、越狱或恶意软件等。相比而言，SE 提供的物理防护特性相当健壮，具体体现：①SE 具有最高级别安全认证，等同于智能卡的"EAL4+"及以上级别。②SE 具有可移动性，支持安全和数据的可移植。就像 UICC 或 microSD 那样，可在不同设备上移动。③具有近场通信（near field communication，NFC）功能的 SE 还可在设备低电量或关机模式下使用。

总体来说，TEE 提供了一个比 Rich OS 更加安全的执行空间；尽管安全级别达不到 SE 的程度，但对于大多数应用而言已经足够了。而且，TEE 提供了比 SE 更快的处理速度和更强大的内存访问能力。由于 TEE 提供了比 SE 更多的用户接口和外部连接能力，人们就可以在 TEE 上开发安全应用，这些安全应用可以给用户提供 Rich OS 一样的用户体验。

安全需要在保护成本和攻击成本间进行平衡。关于安全方面需要考虑以下几点：①用户使用的便捷性；②培养和支持用户的成本；③对资源保护产生的直接和间接成本；④攻击者攻击资源的攻击成本；⑤攻击者对可攻击资源的觉察度。

图 4-8 TEE 启动过程

REE 是富运行环境（rich execution environment），可为上层 App 提供设备的所有功能。

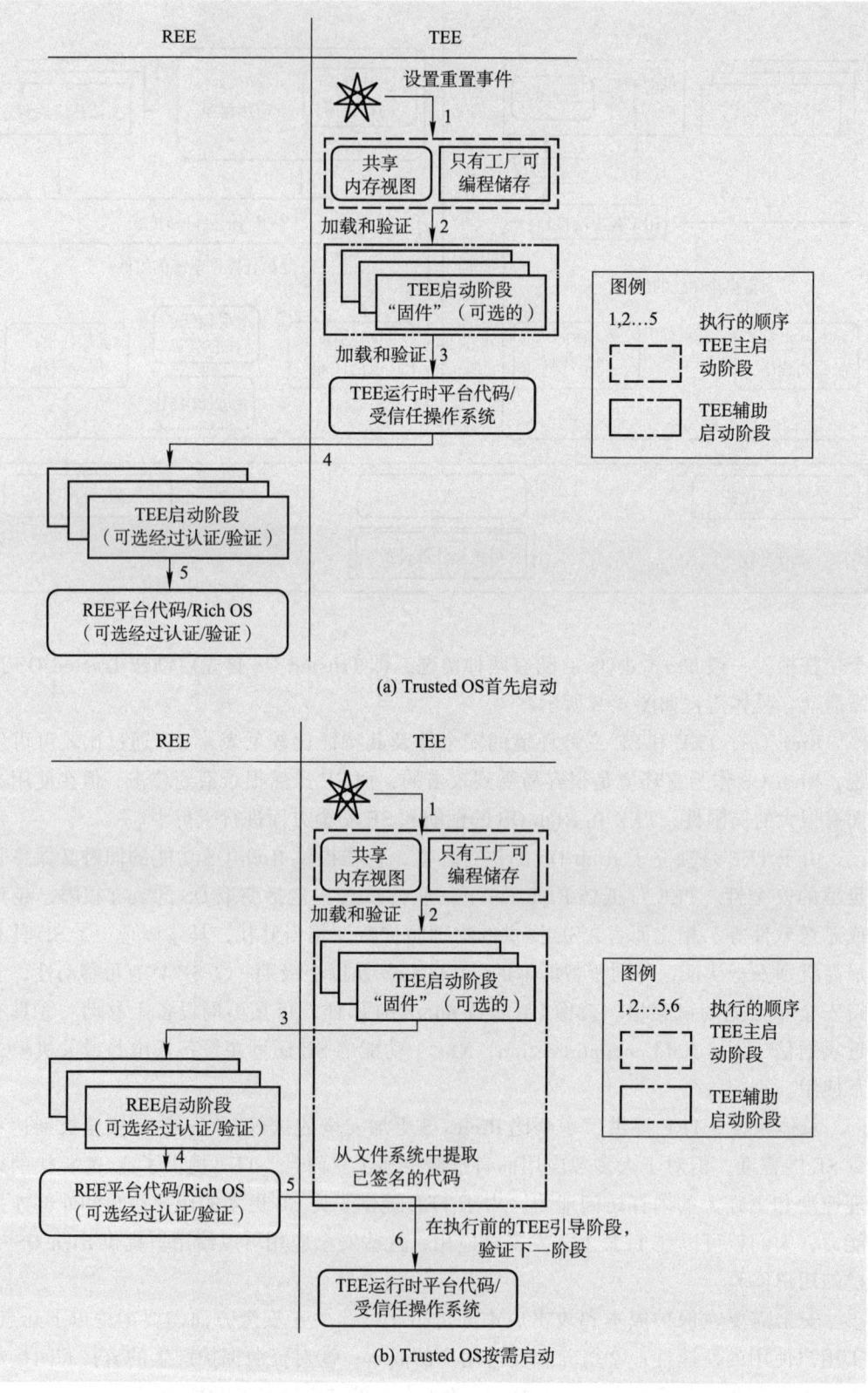

(a) Trusted OS首先启动

(b) Trusted OS按需启动

表 4-2 三种环境安全及其特征比较

类别	Rich OS	TEE	SE
对应用下载的控制	用户控制	鉴权进程控制	鉴权进程控制
应用代码	无须效验和认证	授权之前需要效验和认证，下载时做授权检查	授权之前需要效验和认证，下载时做授权检查
认证	不认证	认证	强认证
OS 内核、驱动和库代码的创建	灵活和速度	安全和速度	安全
API	丰富的 API	受限的 API	严格受限的 API
访问用户接口的保密性和完整性	OS 的权限范围	TEE 的限定范围	只能由 Rich OS 或 TEE 的代理程序间接访问
CPU 速度	GHz	百兆赫兹到 GHz	
内核	1~4	1	1
RAM 大小	16 MB~1 GB 及以上	64 千字节到几兆字节	几万字节
RAM 速度	64 bit 200~800 MHz	64 bit 200~800 MHz	32 bit 5 MHz（受限于电源）
FLASH 大小	1~32 GB 及以上	与 Rich OS 共用，每个 TA 可有自己安全存储	64 kB~1 MB
与 Rich OS 的数据传输速度	非常快	非常快	慢
对未授权软件攻击的防护	依靠未认证的 OS 的内部保护	设备硬件的保护，认证 OS 的保护	外部软件和设备硬件的保护，认证 OS 的保护
对外部硬件攻击的防护	无保护，有限的回滚机制	TEE 保护，主机硬件特征保护	SE 强保护，但不保护主机设备

TEE 可满足不同场景下的需求。移动互联网安全开发的一个主要驱动力是企业应用保密性。当终端用户使用移动设备收发邮件、连接内网或处理办公文档时，需要可信的端到端的安全性来保证以下两点，即存储在终端设备的企业数据是受保护的；企业的网络鉴权数据被正确使用（如加密认证和密钥）。

TEE 可从开放环境中隔离重要资源，为企业提供一个安全保护层，使企业环境下智能手机可安全地使用。TEE 提供多种使用方式来增加企业应用的安全性。像邮件管理器和 CRM 这样的企业应用，一般要求有敏感性处理过程，如加密存储、对邮件或客户信息设置访问权限等，这类企业应用可通过 TA 来实现。VPN 鉴权也可通过 TA 实现，来保证 VPN 证书安全下载和可靠鉴权密钥的计算。用基于 TEE 的可信用户接口，可实现企业的访问控制。一种具体实现方式是用户需连到企业内网并通过输入口令才能访问加密数据。动态验证码（one-time-password，OTP）应用也可通过 TA 形式实现，将手机当成一个鉴权令牌来使用，比如当用户从 PC 端登录企业网时，就可使用

OTP 的 TA 应用。

4.6.2 密码算法

密码的使用最早可追溯到古罗马时期。《高卢战记》曾描述了恺撒用于传递加密信息的"恺撒密码"（Caesar cipher）。它是一种替代密码，即通过将字母顺序推后 3 位而起到加密作用，如将字母 A 换作字母 D，将字母 B 换作字母 E。据记载恺撒是率先使用加密函的古代将领之一。因此，这种加密方法被称为"恺撒密码"。恺撒密码实际上是密钥 K = 3 的移位密码。

最初的密码体制是明文（plaintext，P）、密文（ciphertext，C）、加密算法（encryption，E）和解密算法（decryption，D）四个要素的四元组（P，C，K，E），其安全性依赖于算法的保密。若是算法泄露，其安全性就没有了保障，而更新算法是非常麻烦的，因此这种加密算法被称为受限制的（restricted）算法。

现代密码算法引入了密钥的概念。加密和解密过程都是在一组秘密信息的控制下完成的，这里的秘密信息就是密钥。密钥（K）的引入使加密体制从四元组（P，C，K，E）推进到了五元组（P，C，K，E，D）。算法的保密性不仅限于算法的保密，还增加对密钥的保密。

五元密码体制（P、C、K、E、D）满足以下条件：P 是可能明文的有限集合，称为明文空间；C 是可能密文的有限集合，称为密文空间；K 是一切可能密钥构成的有限集合，称为密钥空间；对任意 $k \in K$，存在加密算法 $e_k \in E$ 和相应的解密算法 $d_k \in D$，满足 $d_k[e_k(x)] = x, \forall x \in P$。"一切秘密寓于密钥之中"是现代密码系统设计的基本原则。

密钥容易管理，替换廉价。这条原则在工作生活中具有非常大的经济价值和现实意义。例如，某个掌握公司加密系统秘密的员工离开了公司，公司只需要更换密钥即可保证安全系统安全，而无须修改加密算法和系统。这种方式提高了工作效率，降低了系统维护的成本。

4.6.2.1 香农密码设计思想

在密码设计中，最常用的两种技巧是替换（substitution）和置换（permutation）。替换是指系统地将一组字母换成其他字母或符号，置换是指将字母顺序重新排列。

移位密码就使用了替换的加密技巧。移位密码的加密算法 c 和解密算法 m 分别为：

$$c = E_k(m) \equiv m + k \pmod{26}$$
$$m = D_k(c) \equiv c + k \pmod{26}$$

$k = 3$ 时的移位密码就是著名的恺撒密码。

仿射密码的加解密算法分别为：

$$c = E_{a,b}(m) \equiv am + b \pmod{26}$$
$$m = D_{a,b}(c) \equiv a^{-1}(c - b) \pmod{26}$$

式中：$0 \leq a, b \leq 26$，a 和 26 的最大公约数为 1，a^{-1} 表示 a 关于模 26 的乘法逆元。

恺撒密码、移位密码以及仿射密码都属于替换密码。替换密码（substitution

cipher）的密钥是一个替换表。加密时将需要加密的明文依次通过查表替换为相应的字符，明文字符被逐个替换后，就生成了无任何意义密文。

置换密码（permutation cipher）又称换位密码（transposition cipher），特点是保持明文的所有字母不变，只是用置换打乱了明文字母的位置和次序。

1949 年 Shannon（Claude Shannon）在他的论文中介绍了通过"乘积"组合密码体制。这种思想在现代密码体制的设计中非常重要。乘积密码体制的密钥形式是 $k=(k_1, k_2)$。加密和解密的规则定义为：对于任意一个 $k=(k_1,k_2)$，加密算法 e_k 定义为 $e_{(k_1, k_2)}(m) = e_{k_2}[e_{k_1}(m)]$

解密 d_k 定义为：

$$d_{(k_1, k_2)}(c) = d_{k_1}[d_{k_2}(c)]$$

4.6.2.2 流密码

1917 年 Vernam 发明了"一次一密"（One-Time Pad）的加密算法，即用随机的非重复的字符集合作为输出密文。香农在大约 25 年后提出了完善保密加密概念，证明"一次一密"能够达到"完善保密"这一安全水平。香农理论证明，要达到"完善保密"这一安全水平，密钥空间至少要和明文空间一样大。显然在大多数情况下，这种长密钥的局限性使得"一次一密"以及其他完善保密加密的方案几乎无法使用。

伪随机性的概念在密码学中扮演着一个很重要的角色，使用伪随机字符串的优势在于，一个长的伪随机字符串能够通过一个相对短的随机种子（或者密钥）来生成，即可实现用一个短密钥来加密一个长消息。

伪随机发生器使用密钥作为种子可生成一个长的随机字符串，然后使用这个随机字符串和明文消息做异或处理，如图 4-9 所示。这种类型的加密方案被称为流密码。

在二元加法流密码中，若密钥流序列完全随机，那就是一次一密的完善的保密系统。实际使用的密钥流序列（简称密钥）是按一定算法生成的，因而不可能是完全随机的，所以也就不可能是完善的保密系统。为了尽可能提高安全系统的安全程度，要求所产生的密钥流序列尽可能具有随机序列的特征。一般地，序列密码中对密钥流有

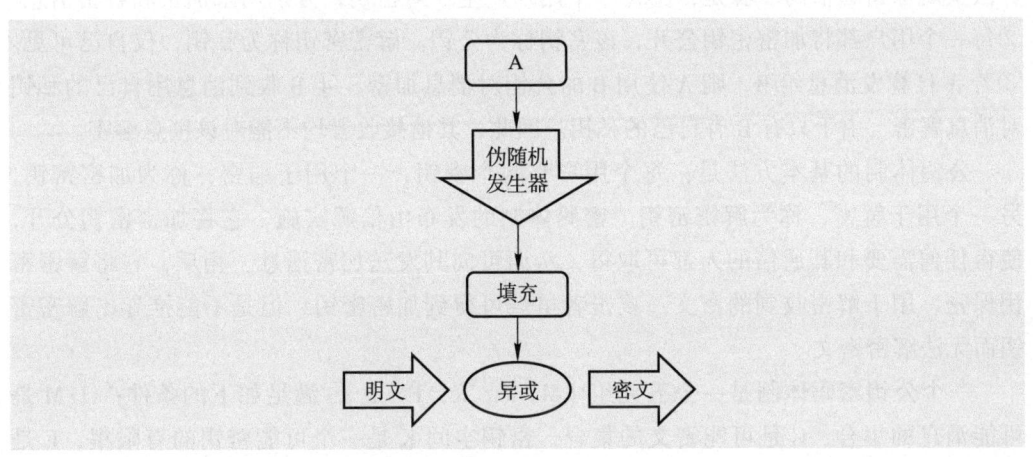

图 4-9 流密码示意图

接近随机序列的要求：①极大的周期，按任何算法产生的序列都是周期的，周期越大越不容易被破解；②良好的统计特性，均匀游程分布能更好地掩盖明文；③密钥线性复杂度高，不能从一小段密钥推知整个密钥序列；④密钥生成器结构复杂性高，不能用统计方法由密钥序列提取密钥生成器结构或密钥源的足够信息。

线性反馈移位寄存器（LFSR）在历史上曾经是很流行的流密码。后来证明它们非常不安全。在某种程度上，给定足够多字节的输出，密钥就能够完全被恢复出来。目前使用的密钥流生成器大都是基于移位寄存器的。这种密钥流序列称为移位寄存器序列。通常的构建方法是"线性移位寄存器 + 非线性组合函数"。其中，非线性组合函数的选择直接关系到流密码安全程度。

对密钥流产生器安全性要求越高，密钥流产生器的设计就越复杂。在考虑安全性要求的同时需考虑以下两点：①密钥要易于分配和保管，更换简单；②算法易于实现，生成速度快。流密码加密效率高，能够满足在资源受限环境下的加密需求。

4.6.2.3 公钥密码体制

在传统加密算法中的加密密钥和解密密钥是相同的，属于对称密码。公钥密码体制的思想于 1976 年由 Diffie 和 Hellman 提出。在 1977 年由 Rivest 等发明了著名的 RSA 密码体制。RSA 密码算法是最著名的非对称加密算法，到目前为止仍然是广泛使用的非对称加密算法之一。公钥密码学的概念解决了传统密码中最困难的密钥分配和数字签名这两个问题。

一个重要的事实是公钥密码体制无法提供无条件的安全性。这是因为一个对手可通过密文 c 推导出明文 m，即使用公钥规则 E_k 来加密每一条可能的明文，直到发现唯一的 m 使得 $c = E(m)$ 为止，这个 m 就是密文 c 的解密。因此，公钥密码体制无法提供无条件的安全性，它只是基于计算安全性的，即破解密码需要巨大的计算量，现有的计算机无法完成这种计算。RSA 密码体制安全性是基于分解大整数的困难性。此后的几个公钥密码体制的安全性依赖于不同的计算问题。例如，ElGamal 密码体制及其变种（如椭圆曲线密码体制）安全性基于离散对数问题。

公钥算法依赖于一个加密密钥和一个与之相关的解密密钥。将加密密钥公开的公钥算法实现保密通信的步骤是：①每一个用户产生一对密钥，分别用来加密和解密信息。②每一个用户都将加密密钥公开，该密钥称为公钥。解密密钥称为私钥，仅自己可见。③若 A 打算发消息给 B，则 A 使用 B 的公钥对消息加密。④ B 收到消息用自己的私钥对消息解密。由于只有 B 有自己的私钥。因此，其他接收者均不能对该消息解密。

公钥体制的基本方法是：每个用户有两个密钥，一个用于加密，称为加密密钥，另一个用于解密，称为解密密钥。密码体制的发布由信源实施，它将加密密钥公开，使得任何需要和其通信的人都可取得，从而可向其发送加密消息。相反，它将解密密钥保密，用于解密收到的密文。攻击者虽然可得到加密密钥，但是不能推导出解密密钥而无法解密密文。

一个公钥密码体制是一个五元组 $\{M, C, K, E, D\}$，满足如下的条件：① M 是可能消息的集合，C 是可能密文的集合，密钥空间 K 是一个可能密钥的有限集，E 是可能的加密算法集合，D 是解密算法的集合。②对每一对密码 $k=\{k_1, k_2\} \in K$，都对应一个加密算法 $E_{k_1} \in E$ 和解密算法 $D_{k_2} \in D$，满足对于任意的 $m \in M$，$c = E_{k_1}(m)$ 都有 $m = D_{k_2}(c) = D_{k_2}[E_{k_1}(m)]$。③对于所有的 $k \in K$，在已知 E_{k_1} 的情况下推出 D_{k_2} 在计算上不可行。公钥密码体制的核心问题是 E_{k_1} 和 D_{k_2} 的设计。其中，E_{k_1} 是一个公开函数，k_1 是公钥，向所有人公开；而 D_{k_2} 是一个秘密函数，k_2 称作私钥，由用户秘密地保存。

4.6.2.4 数字签名

数字签名是指信息发送者生成的别人无法伪造的一段数字串，它是对信息发送者发送信息真实性的一个有效证明。一套数字签名通常定义两种互补的运算，一个用于签名，另一个用于验证。它一般用公钥密码体制实现加密，并鉴别数字签名的真实性。

4.6.3 数据访问控制

访问控制是指主体（subject）根据访问控制策略授权或拒绝客体（object）访问其本身或资源。这里的主体是指接受访问的实体，包括服务器、网站等；客体是指提出请求访问的实体；访问控制策略是主体对客体的访问规划集，即客体能对主体执行哪些操作。

4.6.3.1 身份认证

身份认证是确保数据安全的第一道防线。传统的身份认证分为三类：①通过用户知道什么来确定身份，例如用户名和密码等；②通过用户拥有什么来确定身份，例如 RFID 标记等；③通过用户的生物特征识别用户身份，例如指纹、掌纹、虹膜、语音及人脸等。这些认证方法中，用户名和密码方式是使用最为广泛的身份认证方式，优点是简单灵活。简单表现在无须携带任何设备，只要记住用户名和口令即可；灵活表现在可随时修改。然而，随着互联网服务数量的激增，每个用户拥有账户数量随之增加，很多用户拥有多个账户。由于记忆力有限，通常会出现相同的用户名和密码在多个应用中重复使用。当口令泄露时，这种做法就会带来诸如被撞库攻击（password reuse attack）等严重后果。撞库攻击是一种黑客攻击方式，即黑客会收集在网络上已泄露的用户名和密码等信息，之后用技术手段前往一些网站逐个试着登录，最终"撞大运"地"试"出一些可登录的用户名和密码。撞库攻击在本身拥有大量用户名和密码的基础上，可在不攻破目标系统的前提下对目标系统的账户进行入侵。

生物特征识别（biometrics）是指通过计算机用人体所固有指纹、虹膜、面相、脱氧核糖核酸（DNA）等生理特征或步态、击键习惯等行为特征来进行身份认证的技术。指纹、虹膜、人脸和静脉等这些生物特征是人生来就有的，并且具有唯一性，可用来精准地对个人进行识别。同时，相对于密码输入，生物特征具有验证便捷的特点。但是，这些生物特征数量少而且无法更改，一旦泄露就会存在安全风险。

随着指纹识别、人脸识别、语音识别等生物特征认证技术的应用，针对此类技术的攻击模式也不断涌现。在 2017 年的 Geekpwn 大赛上，百度安全实验室介绍了针对手机指纹识别的攻击方法，该方法能够在 5 分钟内以 5 角钱的成本完成假指纹的制作，成功欺骗手机指纹识别系统。

面部识别验证也可能会产生安全问题，美国斯坦福大学的研究团队研发出一款 Face2Face 人脸跟踪软件，可通过摄像头捕捉用户的动作和面部表情，然后用该软件驱动视频中的目标人物做出一模一样的动作和表情，效果极其逼真。有了这项黑科技，你可驱使你所希望的目标人物在视频中做出任何你想要的怪表情。这款软件的原理是使用一种密集光度一致性方法（dense photometric consistency measure，DPCM）来实时跟踪源视频和目标视频中的面部表情。因源素材与被拍摄者之间快速有效的变形传递，从而使复制面部表情成为可能。由于生成的视频中人物嘴形与说话的内容高度匹配，因此，生成的内容具有很强的欺骗性。该技术对人脸识别身份认证安全系统安全性是个很大的挑战。这表明现有的技术手段能够使攻击者以很低的成本快速获得具有很高攻击能力的假体。

由此可见，现有的生物特征认证系统引入活体检测技术来提高安全系统安全性是必要的。活体检测是指为了防止恶意伪造他人生物特征用于身份认证，在生物特征识别过程中，针对待认证样本是否具有生命特征进行检测的技术。活体检测是将具有生命特征的样本与仿制的人造样本进行区分的过程，是欺骗检测中的一种有效方法。例如，苹果公司的专利提出了使用固定角度的偏振光对手指进行照射，根据获取到的手指中氧合血红蛋白、脱氧血红蛋白和 β 胡萝卜素等光谱情况来判断手指的真假。

短信验证是用于应对撞库攻击的重要措施之一。随着账号劫持现象的增多，很多互联网服务都开始支持两步认证。第一步用最为常见的用户名和口令进行身份认证，第二步的验证引入短信验证码、电话验证码或基于数字证书的 USB 安全密钥等。其中数字证书最安全，但使用数字证书需要引入额外的硬件设备，并且可能产生各种兼容性问题，这些均可能影响用户体验。随着移动通信的普及，手机成为比个人计算机更普及的个人计算设备，"永远在线"已成现实。因此，手机短信成为完成身份验证的重要手段。短信验证码不仅成为实现两步认证的最佳候选方式，甚至成为替代口令的身份认证方式。基于短信的一次性口令，已成为使用最为广泛的身份验证方式。用户只需输入手机号码和手机短信中的验证码，就能够完成身份验证。这样不仅免去了密码泄露的风险，也免去了用户记忆用户名和口令的负担。用户不需要安装任何软件，也不需要做复杂的配置；并且，对所有应用都可使用同一种方式完成认证。与软件令牌相比，对用户而言，基于短信的一次性口令技术门槛更低，使用更简单。

由于短信验证码的广泛使用，它也吸引了攻击者的关注。从网关—接入端—终端，一直都存在着各种恶意攻击。在服务器端，短信网关入侵事件时有发生。在接入端，由于 GSM 网络使用单向鉴权技术，且短信内容以明文形式传输，导致短信很容易被攻击者窃取。并且攻击者可能过 GSM 劫持技术实施账号劫持。在终端，手机上安装的恶意软件，能够悄无声息地监控和转发用户的短信验证码。因此，在安全性要求高的应用场景，不应使用短信验证码作为唯一的身份验证方式，应联合使用多种认证方式同时认证。

多因子认证方式的基本思路是在用户管理的可信任设备上发起身份认证请求时，

无须两步验证。它与常用设备管理功能相结合,能够简化用户的身份认证操作,提升用户体验。例如,用户使用浏览器第一次登录某个账号需要进行两步验证。身份认证成功后,服务器在浏览器中设置一个永不过期的cookies,将这个浏览器标记为用户的可信任计算终端,作为下次身份认证的第二个因子。当用户再次用此浏览器访问这个服务器时,就无须进行两步验证了。这种设计显著改善了两步验证的用户体验。

4.6.3.2 访问控制方法

常用的访问控制方法有自主访问控制、强制访问控制和基于角色的访问控制等。

(1)自主访问控制

自主访问控制(discretionary access control,DAC)是指对某个客体拥有控制权的主体可自主地将访问权限授予其他主体,或收回其他主体的访问权限。DAC这种模式一般使用访问控制列表来实现,其实现方式较为简单,但是在用户量很大时,访问控制列表也很庞大,特别是用户权限变更频繁时,资源所有者的维护负担较重。这种机制的优点是具有灵活性、易用性和可扩展性;缺点是资源所有者维护负担较重,且控制需要自主完成,安全性较低。

(2)强制访问控制

强制访问控制(mandatory access control,MAC)是指计算机系统根据事先确定安全策略,对用户的访问权限进行强制性的控制。即系统独立于用户行为强制执行访问控制,用户不能改变他们安全级别或对象安全属性。这种机制的优点是在安全性方面比自主访问控制要高,缺点是灵活性差。

(3)基于角色的访问控制

基于角色的访问控制(role based access control,RBAC)将用户映射到角色,用户通过角色获得许可。这种控制方式通过定义不同的角色、角色的继承关系、角色之间的联系以及相应的限制规则,动态或静态地规范用户的行为。作为现今访问控制模型研究的基石,该模型在实际系统中得到了广泛的应用。例如,数据库系统一般用基于角色的访问控制策略,建立角色、权限与账号管理机制。操作系统可将用户按照角色进行分组,针对分组进行授权,从而简化系统管理工作。

基于角色的访问控制方法的基本思想是在用户和访问权限之间引入角色的概念,将用户和角色联系起来,通过对角色的授权来控制用户对系统资源的访问。这种方法可根据用户的工作职责设置若干角色,不同用户可具有相同的角色,在系统中享有相同的权力,同一个用户又可同时具有多个不同的角色,在系统中行使多个角色的权力。

基于角色的访问控制的基本概念包括:①许可,也称权限(privilege),即允许对一个或多个客体执行操作。②角色(role),即许可的集合。③活跃角色(active role):一个会话构成一个用户到多个角色的映射,即会话激活了用户授权角色集的某个子集,这个子集称为活跃角色集。④会话(session),一次会话是用户的一个活跃进程,它代表用户与系统交互。当一个用户激活他所有角色的一个子集的时候,建立一个会话。

由于基于角色的访问控制不需要对用户一个一个地进行授权,而是通过对某个角色授权来实现对一组用户的授权,简化了系统的授权机制,可很好地描述角色层次关系，能够很自然地反映组织内部人员之间的职权和责任关系。用基于角色的访问控制可实现最小特权原则，基于角色的访问控制机制可被系统管理员用于执行职责分离的策略。基于角色的访问控制的出现基本解决了 DAC 灵活性不足的问题。

4.6.4 基于大数据安全的攻击与防御

可将大数据技术应用到网络和信息安全领域，通过采集、存储、挖掘和分析与安全相关的各类网络行为数据（流量、日志、事件等），从更高视角、更广维度上发现异常、捕获威胁，实现对异常行为、未知威胁的早期检测和快速发现。与传统安全分析技术相比，大数据安全分析技术拓展了安全分析与监控数据源的广度和深度，有助于发现更为隐蔽的安全威胁；还可在更长时间窗口内对多维度数据进行深度回溯和关联分析，有助于快速发现异常行为或未知安全威胁。大数据技术在网络空间安全领域的应用发展，主要围绕安全防御、安全运维、安全趋势预测等方面，以帮助安全管理者实时洞悉安全情报和安全态势，做出科学的判断和响应。

（1）以大数据为基础、实现基于安全服务驱动的动态自学习安全防御

可通过大数据建立集认证、授权、监控、分析、预警和响应处置于一体的安全服务体系，实现对整个大数据系统安全形势掌控和处置，形成"监测感知—分析研判—决策制定—响应处置—监测感知"的闭环，构建动态自学习安全防御体系。大数据技术可用来解决数据结构多样化和数据量大的问题；可处理用户数据、日志信息、告警信息、流量数据等海量数据，这些数据的类型包含结构化数据和图片、文本、XML 等非结构化数据；可为分析发现问题、评估风险状态提供数据挖掘算法支撑，包括基于关联规则的数据挖掘、基于分类的数据挖掘、基于聚类的数据挖掘、基于序列的数据挖掘等；还可为决策制定提供模式识别、数据挖掘等机器学习能力，包括决策知识库匹配、决策效能模拟、决策经验提炼等。

（2）依托大数据实现智能安全运维

一方面，黑客攻击手段日益多样化、协同化，并向着分布式发展，管理人员可能无法判定某安全事故；另一方面，多样化安全设备会产生大量不同形式的安全事件（其中存在较多的错误预警信息），使管理人员难以从海量数据中发现和判定安全事故。因此，对智能判定安全事故和智能响应处置有着迫切需求，信息安全业界正致力于智能化安全运维的实现。由于事故判定、响应处置既需要大量的先验知识，又需要安全特征提炼与自动学习，还需要基础的算法理论支撑，所以智能安全发展缓慢。大数据技术发展，将先验知识库、机器学习和基础算法结合，使得智能安全运维成为了可能。

（3）借助大数据思维预测安全趋势

网络攻击具有突发性、偶然性和不连续性等特点，难以有效预测下一刻是否会受到攻击。但是，可通过分析攻击者目标、意图，并结合当前安全防护水平，预测下一段时间的安全风险。随着后续数据高度共享，安全趋势预测的数据范围不再局限于业务系统和安全日志等数据，将借助大数据思维，广泛关联网络舆情、政治局势、经济发展等数据，有效提高预测的准确率。基于安全趋势预测的结果，安全运维中心能够

进行各类安全设备策略动态调整和下发，并实现安全设备之间的协同联动，从而有效阻止潜在安全威胁的发生，实现智能化的主动动态防御。

在这种背景下，网络安全防护思路从以防为主开始逐步向防御、检测、响应三者并重转变，安全防御体系从传统的点对点、端到端的堡垒型防护思路向全方位、立体化、协同防御的纵深防护思路转变。如何用大数据技术对海量数据进行实时处理分析，以快速检测和发现未知威胁是网络安全防护理念转型的核心与关键。将大数据技术应用于网络安全分析领域已日趋成熟，由此催生了大数据安全分析产业的快速崛起，相关产品也应运而生，对网络安全技术发展将产生深远的影响。

北京奇虎科技有限公司的"云+终端+边界"安全模型，将360系列产品囊括在该模型中。其中，云系列产品均涉及安全大数据平台和相关技术，如数据挖掘和机器学习等。阿里云用态势感知技术收集企业原始日志和网络空间黑客实体威胁情报，用机器学习还原过往攻击，并预测将来的攻击。

Anti-DDoS System（ADS）是绿盟科技开发的覆盖攻击发现、处理、主动溯源、信誉技术的完整技术方案，通过和云端联动协作感知业务异常，能及时发现背景流中各种类型的 DDoS 攻击，迅速对攻击流进行过滤或通过旁路来保证正常业务运行。

华为技术有限公司推出 DDoS 云清洗服务产品 Anti-DDoS，用大数据技术预防 DDoS 攻击。通过全流量逐包法建立 60 多种流量模型，可快速准确实现攻击检测。

青藤云安全公司基于建立自适应安全架构，通过对主机信息和行为进行持续监控和分析，快速精准地发现安全威胁和入侵事件，提供灵活高效的问题解决方案，将自适应安全理念实际应用，为用户提供下一代安全防护监测方案。

思科系统公司的 OpenSOC 是一个针对网络数据包和数据流的大数据分析框架，是大数据分析与安全分析技术的结合，能实时地检测网络异常情况且可扩展很多节点。它的存储、实时索引和在线流分析均使用著名的开源项目。

FireEye 公司的 Threat Analytics Platform 等大数据安全分析产品，分析的数据源以客户自身网络侧的流量数据、日志数据为主，侧重于 APT 攻击检测和未知威胁发现。

人民网的众云、北大方正的舆情监测系统、谷尼网络的舆情监测分析系统和中科点击公司的军犬网络舆情监控系统等基于大数据挖掘技术，集监测、预警、分析等功能于一体，可帮助用户快速应对负面舆论，提高信息监管能力，增加品牌竞争力，塑造公信力及企业良好形象。

深入剖析基于大数据的网络安全检测、面向网络内容安全的大数据挖掘分析、基于态势感知的网络安全管理技术等大数据安全的主流应用技术，可为解决大数据安全问题提供有效的借鉴。

4.6.4.1 基于大数据的网络安全检测

网络安全检测与评估是保证计算机网络系统安全的有效手段，其目的是通过一定的技术手段先于攻击者发现计算机网络安全系统安全漏洞和安全隐患，并对计算机网络安全系统安全状况做出正确的评价。网络安全检测技术主要包括实时安全监控技术和安全扫描技术。实时安全监控技术通过硬件或软件实时检查网络数据流，并将其与用户正常行为模型的目标系统或系统入侵特征数据库的数据相比较，一旦发现有被攻击的迹象，立即根据用户所定义的动作做出反应。这些动作可以是切断网络连接，也可以是通知防火墙系统调整访问控制策略，将入侵的数据包过滤掉。安全扫描技术（包括网络远程安全扫描、防火墙系统扫描、Web 网站扫描和系统安全扫描等技术）对局域网络、Web 站点、主机操作系统以及防火墙安全系统安全漏洞进行扫描，及时发现漏洞并予以修复，从而降低系统的安全风险。

近年来，随着计算机和互联网新技术发展，各种计算机病毒和黑客攻击层出不穷。它们可能利用计算机系统和通信协议中的设计漏洞，盗取用户口令，非法访问计算机中的信息资源、窃取机密信息、破坏计算机系统。面对复杂多变的网络环境，如何检测与监控网络攻击行为，保障网络基础设施安全，是保障核心技术装备安全可控，构建国家网络安全保障体系的核心环节。然而，在当前"共享、开放"的互联网精神的倡导下，各种高效、开放的攻击工具越来越多，攻击的门槛越来越低，发起攻击的成本越来越低廉。这类攻击工具和手段在不断改进和演变，提高了攻击的复杂度，也提高了防范的难度。

具有代表性的是分布式拒绝服务（distributed denial of service，DDoS）攻击的成本不断下降，使得这类攻击成为目前最为普遍的网络攻击手段。目前，DDoS 攻击已经成为导致互联网不稳定的最大因素之一。据 CNCERT 监测发现，近年来网页仿冒、拒绝服务攻击等已经形成了成熟的地下产业链，网络攻击行为呈显著增长趋势，给电子商务、互联网金融等依赖网络实现业务发展的行业带来了极大危害。传统安全体系已经很难应对这样的攻击，如何有效防止 DDoS 攻击成为目前急需解决的网络安全问题。因此，以下选取 DDoS 攻击与防御为分析对象，探讨大数据技术在网络安全检测中的应用。

通常而言，网络数据包用 TCP/IP 协议在互联网上进行传输，这些数据包本身是无害的，但是如果数据包异常过多，就会造成网络设备或者服务器过载，或者攻击者用了某些协议的缺陷，形成人为的不完整或畸形的数据包，就会造成网络设备或服务器服务在处理这些异常数据包时消耗大量的系统资源，导致没有足够的资源对正常的请求进行服务，造成服务拒绝。

DDoS 的工作方法：首先，DDoS 攻击发起者发送控制指令到一台已经提前占领的控制服务器上；然后，这台控制服务器通过对网络环境扫描并找出一批防护较差的僵尸主机，进而将木马程序或者恶意软件安装在若干台僵尸主机上，通过恶意软件源源不断地把控制信息实时地分发至这些僵尸主机，指挥这些僵尸主机对目标主机发动攻击。有经验的攻击者在占领一台控制服务器的同时，会为自己留好"后门"，并有选择地删除僵尸主机中某些日志记录或者历史文件，将自己隐藏起来，以此实现长期占用和操纵僵尸主机的目的。其主要的攻击目标有政府机关、企事业单位的门户网站、互联网公司网站以及搜索引擎等。

DDoS 攻击是一种分散性强，相互协作完成，分层次实施的大规模攻击方式。它的特点是攻击控制端与受控僵尸主机之间是一对多关系，而受控僵尸主机与被攻击的目标主机之间又是多对一关系。攻击源不是直接攻击受害者,而是通过大量的僵尸主机来发起攻击。这样做至少有三个"好处":第一,充分用分布式优势来实现对受害服务器的高强度的精确打击。不管受害服务器安全性有多高,主机性能有多强,只要攻击者控制的僵尸主机足够多,发动攻击的次数足够频繁,就可轻松将其击垮,使其不能提供正常服务或拒绝服务。第二,泛洪攻击,即能够攻击具体域名下的服务器集群或骨干链路等。第三,隐蔽性强。从发起攻击到受害者之间至少经历两层,第一层是攻击源端到僵尸主机,第二层是僵尸主机到受害者。这给伪造或掩蔽源 IP 地址提供了条件,给 DDoS 攻击追踪溯源带来困难。

针对 DDoS 攻击的防护,包括攻击发现和攻击处理两个环节,每个环节有多种技术,视业务环境、攻击情况和业务重要程度而灵活选用。

攻击发现通常用流量异常监控和客户业务指标异常监控两种方式。流量异常监控包括协议流量异常监控、链路流量异常监控、报文特征流量异常监控等监控手段。主要用深度包检测(deep packet inspection,DPI)和深度/动态流检测(deep/dynamic flow inspection,DFI)两种技术手段进行检测。业务指标异常监控主要使用含有 DDoS 技术模块的 Web 应用防护系统(web application firewall,WAF)、应用交付控制器(application delivery controller,ADC)、下一代防火墙(next generation firewall,NGFW)、网络性能监控设备和专业业务可用性监控服务等。云端或管道端的攻击发现包括基于 DPI 和 DFI 技术的异常流量监控系统、攻击溯源系统。攻击溯源系统用于在源端网络发现攻击源,配合源端和目的端设备或清洗云平台的过滤措施实施 DDoS 体系防护方案。

4.6.4.2 安全攻击防御

DDoS 攻击处理环节的技术包括流量牵引、回注技术和流量缓解技术三种。

流量牵引技术最常用的是 BGP 牵引和智能 DNS。BGP 牵引可重定向所有的目的流量,因此可针对所有类型的攻击;智能 DNS 部署更简单、牵引范围更广,但通常只能对 Web 访问进行重定向,且受 DNS 的生存时间(TTL)影响,存在较长的牵引生效延迟。

流量缓解技术包括流量清洗技术和各类流量过滤技术。流量清洗技术通常用用户行为和协议行为验证技术来识别攻击并进行过滤,这是当前专业 DDoS 防护设备的核心技术。流量过滤技术包括黑洞路由、ACL、FlowSpec、基于地理位置的过滤、基于黑白灰名单过滤、基于业务环境和威胁环境的过滤、源端过滤、目的端过滤等技术。

4.6.4.3 数据存储安全

存储安全保障的目标是保障数据信息的完整、不受损坏、不被窃取。数据存储安全是大数据安全的重要组成。在过去十年中,存储已演变为多个系统共享的一种资源。大量案例都表明,当存储设备连接到多个系统上时,只保护存储设备的安全已不能满足需要了,必须同时保护各个系统上的有价值的数据,防止其他系统未经授权访问数据,或破坏数据。相应的,存储设备必须要防止未被授权的改动,对所有的更改都要做审计跟踪。在实践中,建立存储安全需求专业的知识,留意细节,不断检查,确保存储解决方案继续满足业务不断改动的需要。

安全是相对的，没有绝对安全，存储安全也一样。安全的本质是采取安全措施的成本、安全缺口带来的影响、入侵者要突破安全措施所需要的资源三方面达到平衡。随着存储安全新隐患、新情况的不断涌现，任何一种存储安全产品都不可能保障绝对的存储安全。既然不存在绝对的存储安全，那么在发生存储安全事故时，如何在第一时间将负面影响降至最低点，最大限度地减少各种损失，就成了存储安全最后的王牌，即我们常说的数据恢复。从欧美信息化发展程度较高的国家近几年的研发方向来看，未来存储安全的核心是以数据恢复为主，兼顾数据备份、数据擦除。

4.7 大数据算法基础

大数据算法具有相当庞杂的基础，其中搜索引擎算法、推荐算法、机器学习算法和群体计算是典型的成功范式。

4.7.1 搜索引擎算法

对于搜索引擎来说，评价其质量的基本要素是搜索结果的相关性和网页质量。对于网页和查询的相关性，常用单文本词频/逆文本频率指数（term frequency/inverse document frequency，TF/IDF）模型来计算；评价网页质量一般用 PageRank 算法。那么在一个给定的查询结果中，有关网页综合排名大致由相关性和网页排名（PageRank）乘积决定。TF/IDF 的概念是公认的信息检索中最重要的发明。在相关性排序中，需要考虑词频和归一化等几个要素。

词频：包含关键词多的网页应该比包含关键词少的网页与用户希望的查询结果更相关。

归一化：仅仅用关键词出现的次数来评价网页的相关性有一个明显的漏洞，即长的网页比短的网页更占优势，因为长的网页总的来讲包含的关键词要多些。常用的解决方案是根据网页长度，对关键词的次数进行归一化，即用关键词的次数除以网页的总字数作为词频的度量。

如果一个查询包含关键词 W_1, W_2, $\cdots$, W_N，它们在一个特定网页中的词频 F 分别是 F_1, F_2, $\cdots$, F_N。那么，这个查询和该网页的相关性就是 $F_1 + F_2 + \cdots + F_N$。假定一个关键词 W 在 D_W 个网页中出现过，那么 D_W 越大，w 的权重越小，反之亦然。

在信息检索中，使用最多的权重是逆文本频率指数 I，它的公式为 $\ln(D/D_W)$，其中 D 是全部网页数。用逆文本频率指数，上述相关性计算公式就由词频的简单求和变成了加权求和，即

$$F_1 \times I_1 + F_2 \times I_2 + \cdots + F_N \times I_N$$

例如，查找关于"华农的生态与智慧学系"的网页。现在任何一个搜索引擎都包含几十万个甚至上百万个与搜索关键词多少有点关系的网页。那么哪个应该排在前面呢？显然应该根据查询的结果与"华农的生态与智慧学系"的相关性对这些网页进行

排序。

比如，在某个一共有 1 000 个词的网页中"华农""的"和"生态与智慧学系"分别出现了 1 次、35 次和 5 次，那么它们的词频就分别是 0.001、0.035 和 0.005。这三个数之和 0.041 就是该网页和查询"华农的生态与智慧学系"相关性的一个度量。

假定中文网页数 $D = 10^9$，词条"华农"在 100 万个网页中出现，即 $D_W = 10^6$，则它的权重 $I = \ln(10^9/10^6) = \ln 1\ 000 = 6.91$。

词条"的"在所有的网页中都出现，即 $D_W = 10^9$，那么 $I = \ln(10^9/10^9) = \ln 1 = 0$。

词条"生态与智慧学系"，出现在 1 000 万个网页中，它的权重 $I = \log(10^9/10^7) = \ln 100 = 4.61$。该网页和"华农的生态与智慧学系"的相关性为 $6.91 \times 0.001 + 0 \times 0.035 + 4.61 \times 0.005 = 0.030$，其中"华农"贡献了 0.006 9，而"生态与智慧学系"贡献了 0.023 1。

TD/IDF 模型把任意长度的文档简化为固定长度的数字列表，把搜索引擎的相关性排序问题简化为根据搜索关键词从文档的数字列表中选取相关的数字（相加），计算文档的相关性度量的问题。

这种简化损失了以下信息：①文档的上下文信息；② TD/IDF 模型对文档的这种表示，只提取了词频率与权重信息，忽略了词序信息。这个模型的一个潜在假设是，上下文信息和词序信息的损失对搜索结果的影响不大。这个假设对于互联网上的网页来说是合理的。但是，对于微博之类的短文本搜索显然是不合适的。

PageRank 是一种由搜索引擎根据网页之间相互的超链接计算的网页评估技术。PageRank 通过网络海量的超链接关系来确定一个页面的等级。搜索引擎把从 A 页面到 B 页面的链接解释为 A 页面给 B 页面的投票，搜索引擎根据投票来源和投票目标的等级来决定新的等级。一个页面的"得票数"由所有链接向它的页面的重要性来决定，到一个页面的超链接相当于向该页投一票。一个页面的 PageRank 是由所有链向它的链入页面的重要性经过递归算法得到的。一个有较多链入的页面会有较高的等级。相反，若是一个页面没有任何链入页面，那么它就没有等级。

PageRank 的计算基于数量和质量两个基本假设。①数量假设：在 Web 图模型中，如果一个页面节点接收到的其他网页指向的入链数量越多，那么这个页面越重要。②质量假设：指向页面 A 的入链质量不同，质量高的页面会通过链接向其他页面传递更多的权重。所以越是质量高的页面指向页面 A，则表明页面 A 越重要。用以上两个假设，PageRank 算法刚开始赋予每个网页相同的重要性得分，通过迭代递归计算来更新每个页面节点的 PageRank 得分，直到得分稳定为止。由于互联网上网页的数量是巨大的，该算法的计算量非常大。Larry Page 等用稀疏矩阵计算技巧大大简化了计算量。

4.7.2 电子商务中的推荐算法

解决推荐问题的方法有基于用户的协同过滤算法、聚类模型和内容搜索法三种传统方法（用点击率和转化率来评价一个推荐算法的效果）和基于物品协同过滤算法。

（1）基于用户的协同过滤算法

该算法用最邻近（nearest-neighbor）算法找出一个用户的邻近集合，该集合的用户和该用户有相似的喜好，算法根据邻近用户的偏好对该用户进行预测。这种基本思想是根据某些用户具有一些相似的特征，推测他们其他特征也相似。例如，如用户 A 喜欢物品 a，用户 B 喜欢物品 a、b、c，用户 C 喜欢物品 a 和 c。由于他们都喜欢 a，那么认为用户 A 与用户 B 和 C 相似。而喜欢 a 的用户同时也喜欢 c，所以把 c 推荐给用户 A。

（2）聚类模型

该法基于"相似用户会购买相似商品"的逻辑，需要计算用户间的相似度。它与协同过滤算法的不同之处在于寻找相似用户的方法不同。用用户相似度和无监督机器学习方法（即聚类算法）对所有用户聚类。将用户表示为向量，聚类算法可将互相相似的用户归为一组，从而将用户划分为 N 个群组。N 是聚类算法根据用户数据计算得到的。在聚类完成后，在所得到的群组中选择一个与当前用户最相似的群组，完成寻找与当前用户相似用户集合的任务。这种将当前用户 A 归为哪一个群组的问题实际上是一个分类问题。该问题可用多种方法解决，如用群组中用户向量的平均值代表该群组，再计算与用户 A 的相似度。该方法的缺点是，当聚类所得到的群组粒度较大，总群组数量较小的时候，推荐结果的准确率很低；若将聚类群组的粒度调小，总群组数量变大后，计算量会骤增。聚类问题是一个 NP 难问题（NP-hard），因而不能通过计算得到其最优解。在实际中往往用贪心法得到近似最优解，降低了给一个用户产生精准推荐结果的可能性。

（3）内容搜索法

该法将推荐问题看作一个寻找相关商品的问题。根据用户购买的一件商品，用商品的某个属性构造一个查询条件，用该查询条件来搜索匹配的商品并作为推荐结果。例如，寻找同一作者、同一卖家、同一品牌、同一标签的商品等。这种推荐算法其实是一个搜索算法，其优点是在用户当前已买过的商品数量很少时能产生较好的结果；缺点是在用户购买的商品数量很多时，无法构造一个有效的查询条件。

（4）基于物品的协同过滤算法（item-based collaborative filtering，ICF）

鉴于以上方法的局限性，人们开发了 ICF 算法来解决电子商务平台的商品推荐问题。ICF 算法的基本思路是：预先根据所有用户的历史偏好数据计算物品之间的相似性，然后把与用户喜欢的物品相类似的物品推荐给用户。例如，知道物品 a 和 c 非常相似，因为喜欢 a 的用户同时也喜欢 c，而用户 A 喜欢 a，所以把 c 推荐给用户 A。因为物品直接的相似性相对比较固定，所以可预先在线下计算好不同物品之间的相似度，把结果存放在表中，推荐时进行查表，计算用户可能的打分值。该方法与基于用户的协同过滤算法配合使用，计算效率很高。

4.7.3 机器学习算法

机器学习是人工智能的一个分支，是实现人工智能的一个有效手段。当不能直接编写常规计算机程序解决给定的问题时，就需要机器学习。机器学习使用实例数据或过去的经验训练计算机，使计算机可模仿人的智能去完成某些工作。以语音识别为例，该任务需要将声学语音信号转换成文本。由于年龄、性别或口音的差异，相同的文字会存在各种各样的发音，我们很难直接定义声音到文字的转化函数。机器学习可以解决这类问题，即从不同的人那里收集大量发音样本，标注后，让计算机自动学习语音的特征值，并将特征值映射到文字，实现语音识别。

学习与讨论
基于机器视觉的母猪分娩智能监测技术

学习与讨论
智慧养殖：咳嗽识别

学习与讨论
智能畜牧业：应用机器视觉改善动物福利和生产

（1）机器学习基本概念

分类和实例是两个最基本的概念。"分类"指分配预先定义的类标签到特定实例，将它们分成不同的类别的一般方法。"实例"是"observation"或"样本"的同义词，描述由一个或多个特征（或称为"属性"）组成的"对象"。以下用一个简单的例子来解释这些基本概念。

最常用的一个例子是著名的鸢尾花（Iris）数据集。费希尔1936年创建了Iris数据集，现在可从UCI机器学习库中免费得到。Iris中的花被分为三类：Setosa、Virginica和Versicolor。Iris数据集的150个实例中的每一个样本（单花）都有四个属性：①萼片宽度；②萼片长度；③花瓣宽度；④花瓣高度。关于特征提取的方法可能包括花瓣和萼片的聚合运算，如花瓣或萼片宽度和高度之间的比率。

可使用Iris数据集得到一个非常简单的分类模型来完成对样本数据的分类（图4-10）。当花瓣长度小于1 cm时，判定为Setosa；当花瓣长度≥1 cm时，继续用花瓣宽度进行判定。当花瓣宽度<1.75 cm时，判定为Versicolor；当花瓣宽度≥1.75 cm时，判定为Virginica。

（2）机器学习工作模式

机器学习是通过算法使得机器能从大量标记的数据中学习规律，从而对新的样本做出智能识别或对未来做出预测。

机器学习是通过建立预测模型来进行工作的。通常情况下，这样的模型就是一个机器学习算法，以便从训练数据集中学习并提取某些特征，并根据这些特征对新样本做出预测。预测建模可进一步分成两类：①回归模型，基于变量和趋势之间关系的分析，以便做出关于连续变量的预测。如天气预报的最高温度的预测。②分类任务，它

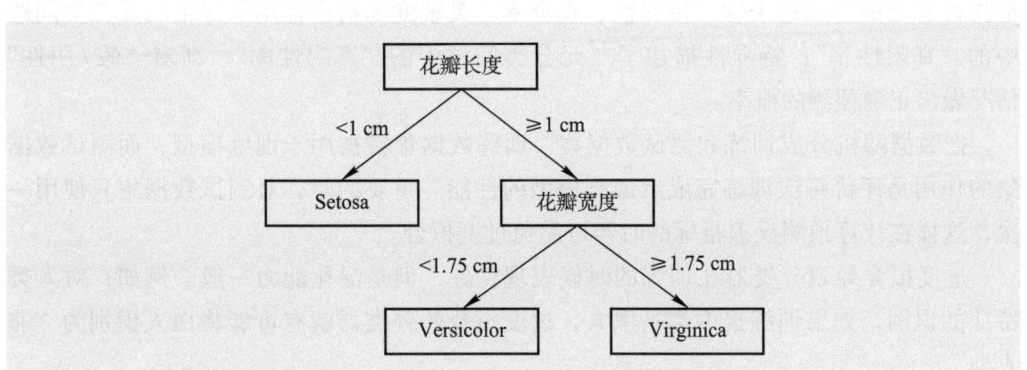

图4-10 分类模型

是分配离散的类标签到特定的实例,并计算其概率值作为预测的结果。如在天气预报中的模式分类任务,可能是一个晴天、雨天或雪天的预测。

(3)机器学习算法分类

分类任务可被分成两个主要的子类别:监督学习和无监督学习。在监督学习中,用于构建分类模型的数据的类标签是已知的。无监督学习任务处理未标记的实例,并且这些未标记实例的类必须从非结构化数据集中推断出来。通常情况下,无监督学习用聚类技术,使用基于一定的相似性(或距离)的度量方式来将无标记的样本进行分组。

本节主要介绍监督学习法。决策树分类器、支持向量机、贝叶斯分类器和人工神经网络等是常用的监督学习算法。

决策树分类器:它是由分支和叶子节点组成的树形图,图中的分支用于测试某个特征子集是否符合特定条件,最终分支把样本定位到某个叶子节点上。决策树的叶子节点表示最低级别,用于确定类的标签。决策树的核心算法是确定决策树分支规则,该规则涉及两个方面问题:如何在众多的输入变量中选择出一个最佳的分组变量,如何在分组变量的众多取值中寻找到最佳的分割值。

支持向量机(SVM):它是用分离超平面分隔两个或多个类的分类方法。该分离超平面是指能正确分离数据集中不同类型样本,且离不同类型样本"间隔"最大的超平面,其中"间隔"是指从采样点到超平面的最小距离。位于间隔边界的正类和负类样本称为支持向量,从而建立起最终的SVM模型。

贝叶斯分类器:它是基于贝叶斯定理的一个统计的模型,即后验概率的计算基于先验概率和所谓的似然值。一个朴素贝叶斯分类器假定所有属性都是条件独立的。因此,计算似然可简化为计算带有特定类标签的独立属性的条件概率的乘积就可以了。

人工神经网络(ANN):它是模仿人或动物"大脑"的图类分类器,其中相互连接的节点模拟的是神经元。我们需要对训练出来的分类器的性能进行评估。混淆矩阵是一种用于性能评估的工具。

(4)机器学习效果评价

通常,使用预测"准确率"或"差错率"来报告分类性能。准确率是指正确分类的样本占总样本的比值,其经常被视为特异性/精密性的同义词。指示分类性能的其他指标有灵敏度和精密性、特异性、查全率。灵敏度和精密性用来评估二元分类问题中的"真阳性率";特异性描述了二元分类问题中的"真阴性率"、即对"假/阴性"情况做出正确预测的概率。

把数据随机分成训练和测试数据集。训练数据集将被用于训练模型,而测试数据集的作用是评价每次训练完成后最终模型的性能。重要的是,对测试数据集只使用一次,这样在计算预测误差指标的时候可避免过度拟合。

过度拟合导致分类器在训练的时候表现良好,但是泛化能力一般。例如,对人类特征的识别,如果训练集中都是黑人,过度拟合的分类器就有可能将白人识别为"非人类"。

机器学习的基本目标是对训练集合中样例的泛化。这是因为，不管有多少训练数据，在测试阶段这些数据都不太可能会重复出现。机器学习最常犯的错误是在训练数据上做测试，从而产生胜利错觉。如果这时将选中的分类器在新数据上测试，它往往还不如随机猜测准确。

分类器可能会在不知不觉中受到测试数据的影响。例如，可能会使用测试数据来调节参数并做了很多调节。机器学习算法有很多参数，算法成功往往源自对这些参数的精细调节。因此，这是非常值得关注的问题。当然，保留一部分数据用于测试会减少训练数据的数量。这个问题可通过交叉验证（cross-validation）来解决。

交叉验证是评估特征选择、降维和学习算法的不同组合的有用的技术。交叉验证有多种，常见一种很可能是 K 折交叉验证。在 K 折交叉验证中，原始训练数据集被分成 K 子集，1 个保留为测试集，另外 $K-1$ 个用于训练模型。例如，设定 K 等于 4（即分为 4 份），原始训练集的 3 个不同的子集将用于训练模型，第 4 个子集将用于评价。经过 4 次迭代计算出最终模型的平均错误率和标准差。这个平均错误率实际上表示模型的泛化能力。

当有了足够的内存和计算能力，可使用相对简单的算法来完成很多任务。技巧是学习，或者从实例数据中学习，或者通过试错来学习。如果机器可自己学习，那么只要为机器提供足够的数据（不必是监督的）和计算能力，就不需要提出新的算法。可预见，机器学习技术将应用到越来越多的领域，为研究者或应用者提供新的思路或带来丰硕的回报。

4.7.4 群体计算

把一个问题分解为很多子问题，然后把这些问题外包给可能是一组分布在不同地域的大众，然后聚合其结果，计算出最终的答案的过程，这就是群体计算，也称众包。

很多任务对人类来说很容易，但是对于计算机来说却很困难。例如，验证码的识别。验证码（completely automated public turing test to tell computers and humans apart，CAPTCHA）是全自动区分计算机和人类的图灵测试。验证码的起源，还要从一个故事开始。2001 年，雅虎公司为垃圾邮件问题所困扰，找到了卡内基梅隆大学的教授，该教授把这个任务分给他刚刚入学的博士生 Luis von Ahn，该生想出了一个简单有效的解决方案——验证码。Luis von Ahn 就是验证码的发明人。2007 年时，已经是教授的 Luis von Ahn 又想出了一个点子：他认为输入验证码所花费的大量时间可用得更有意义——帮助推进书籍数字化。于是他发起了 reCAPTCHA 项目。事情的起因是《纽约时报》打算把古老的报纸进行数字化存档，但是由于这些报纸时间久远且字迹不清楚，其中有很大的比例不是计算机能认识的，而人却能非常轻松地凭着模糊直觉和"望文生义"，识别其中的绝大多数字迹。于是就产生了 reCAPTCHA 这个新一代验证码系统，在验证的确是正常用户而不是机器在后台操纵的同时，用户对于污染、扭曲文字的识别能力被用来处理数字化古籍中不能被计算机自动识别的文字。reCAPTCHA 的应用效果非常好：它被超过 10 万家网站使用，每天数字化超过 4 000 万个单词。《纽约时报》所保存的130年的资料的数字化工作，本来是一项需要大量的时间和人力资源的工程。通过 reCAPTCHA 系统，在几个月之内就由网友们完成了，而且是在网友们事前无知、事后惊讶中完成的。

reCAPTCHA 系统的创新之处在于让计算机去向人类求助。具体做法是，将 OCR 软件无法识别的文字扫描图传给世界各大网站，用以替换原来的验证码图片；那些网站的用户在正确识别出这些文字之后，其答案便会传回 CMU。解决方案的核心在于对"用户行为"（正确识别验证码）数据的二次开发。获取用户行为数据几乎是没有成本的。

这个方案有问题吗？有人会问，既然机器都看不明白那它怎么判断你输入是正确还是错误呢？针对这个问题，一个典型的方案是使用两个验证码，两个验证码有一个是正确的，被人审核过的，而另一个是未被审核的。如果那个被验证过的输入正确，那么默认另外一个也是对的。这样，用户每输入一次验证码，就为人类的知识宝库里增加了一个单词。进一步，我们还可通过把未被审核的验证码发给多个用户来提高结果的可靠性，如果两个用户的识别结果相同，无疑该结果会更为可靠。

Luis von Ahn 提出了基于人的计算（human-based computation）的概念，具体而言就是机器把要实现的功能分解为很多微任务，把其中某些步骤外包给人来完成。众包（crowdsourcing）就是一个典型的情况。例如，在对图片进行分类时，可把待分类的图片分发给多个人，并整合其结果，按照算法计算出最终的结果。著名的数据集 ImageNet 就是通过众包的方式对图片进行标注的。

在此之前，对计算机的传统认识是计算机辅助人来完成任务，例如计算机辅助设计（CAD）、计算机辅助制造（CAM）等。在众包计算中，人首次作为一个计算设备出现在计算机系统中，并且能够引入大量的人参与到任务中，来协助计算机完成其不能胜任的计算步骤。这种新的模式，有效地将计算机与人的智能结合，并通过巧妙的设计低成本地完成任务。

思考题

1. 牧场大数据的特点是什么？
2. 牧场大数据出现的产业背景是什么？
3. 大数据与普通数据相比具有什么样的异同？

第 5 章
牧场智能控制

自从控制论创立以来,其发展十分迅速。应用智能控制理论解决工程控制系统问题,这样一类系统称为智能化系统。它经常出现在工业、农业生产过程以及航天航空、交通运输等复杂的控制过程中。它特别适用于被控对象模型包含有不确定性、时变、非线性、时滞、耦合等难以控制的因素,或应用其他方法很难解决的问题,都有机会用智能化理论得到完美的解决。

牧场智能控制是"感知中国"理念在畜牧业发展中的具体操作,是信息化技术实现"三农"产业的数字化、智能化、生态化、集约化,从各个方面整合现有畜牧业基础设施、通信设备和信息化设备,使畜牧业实现"高效、智慧、精细"的可持续安全发展。简言之,牧场智能控制是智能牧场专家系统在农业发展领域中的具体实践和应用。

本章教学课件

5.1 控制技术基本原理

控制是指为达到某种目的,采取某种方法支配或约束某一客观对象的动作的过程。本节主要介绍自动控制和智能控制两部分。自动控制是指在没有人直接参与的情况下,利用控制设备使被控对象或被控量自动地按照预定的轨迹运行;智能控制是指将人工智能和自动控制相结合的控制技术。

为了实现各种复杂的控制任务,需要将被控对象和控制装置按照一定的方式组合起来,形成一个有机整体,即自动控制系统,简称控制系统。自动控制系统的被控量既可以是要求保持为某一恒定值的物理量,也可以是要求按照某个特定规律变化的物理量。自动控制系统的控制装置则是对被控对象施加控制作用的设备的总和,它可用不同的原理和方式对被控对象进行控制。控制系统由传感器(测量元件)、控制器和执行器三部分组成。其中,传感器用于检测被控制的物理量,并转化为控制器可识别的信号;控制器的职能是将来自传感器元件的测量信号与设定值进行比较,根据差值计算出控制信号(控制变量),输出至执行器。用来作为控制器的物理单元有模拟调节器、数字调节器和计算机等;执行器的职能是根据控制信号进行动作,以推动被控量发生变化。用来作为执行器的器件有继电器、阀和电动机等。

一般控制系统受到两种外部信号的作用:指令信号和干扰信号。它们都是系统的输入信号。通常所说的系统输入信号一般是指指令信号,系统的指令信号决定系统被控制量的变化规律。扰动信号是系统不希望的外作用,它破坏指令信号对系统输出量的控制。在实际系统中,扰动总是不可避免的,它可作用于系统中的任何部位。电源电压的波动、环境温度变化、压力变化、飞行中气流的扰动以及负载变化等都是现实中存在的扰动。

5.1.1 自动控制系统基本控制方式

控制方式有闭环控制(反馈控制)方式、开环控制方式和复合控制方式三类,它们都有其各自的特点和不同的适用场合。其中,闭环控制是自动控制系统最基本的控制方式,也是应用最广泛的一种控制方式。

(1)闭环控制方式

输出信号与输入信号相比较产生偏差信号的过程称为反馈。将反馈的信号与输入信号相减,使产生的偏差越来越小的过程称为负反馈。用负反馈不断减小偏差的控制过程称为反馈控制。由于引入了被控量的反馈信息,整个控制过程成为闭合过程。因此,反馈控制也称闭环控制。

闭环控制方式是按偏差进行控制的,其特点是不论什么原因使被控量偏离期望值时,必定会产生一个相应的控制信号去减小或消除这个偏差,使被控量与期望值趋于一致。闭环控制具有抑制任何内、外扰动对被控量产生影响能力,有较高的控制精度。

闭环控制是生物控制自身运动的基本规律,也是现代自动控制的基本原理,它可实现复杂而准确的控制。生物本身就是一个具有高度复杂控制能力的闭环系统。例如，人用手拿某个物品等这些在日常生活中习以为常的现象正好体现了闭环控制的原理。当人去拿书时，大脑送出一个信号令手去执行任务。在此过程中，眼睛会持续观察手的位置，大脑接收信息后会判断手对于书的位置偏差，并发出命令控制手臂移动使偏差减小。只要这个偏差存在，上述过程就会持续进行，直至偏差减小为零（拿到书）。在此过程中，手是被控对象，眼睛为感受器，手的位置即为被控量，控制目的是使手的位置与书的位置一致。

在闭环控制系统中，被控制量一般是由测量装置测量并反馈到输入端，然后由比较装置将它与输入信号进行综合比较而得到偏差，然后再经控制器计算得到控制量。有些场合的测量与综合比较是由同一个装置完成的，测量装置和综合比较装置合称为误差检测器。

闭环控制系统的典型结构如图 5-1 所示。输出量经过检测环节得到反馈量回送到输入端，通过负反馈控制逐步消除偏差。在牧场实践中，为了实现对被控对象的闭环控制，系统中必须对被控制量进行连续测量和反馈，并进行按偏差的控制。实现这些过程的装置分别称为测量装置、比较装置、放大装置和执行机构，并统称为控制装置。

闭环控制系统具有以下 4 个特点：①输出信号对控制作用有直接影响；②有反馈环节，并应用反馈作用来减小系统误差，以使系统的输出量趋于给定值；③当出现干扰时，系统无须人工调节，可自行减弱其影响；④闭环控制系统可能工作不稳定，存在稳定性问题。

（2）开环控制方式

开环控制与闭环控制的区别在于开环控制系统没有从输出端到输入端的反馈信号传递通道（或称前向通道）。输出量不对整个系统的控制发挥作用。因此，控制精度较低。

开环控制系统可用图 5-2 结构图来表示。图中，控制装置与被控对象均用方块表示，箭头表示信号的传递方向，输出量是被控制量，其大小受输入量控制。

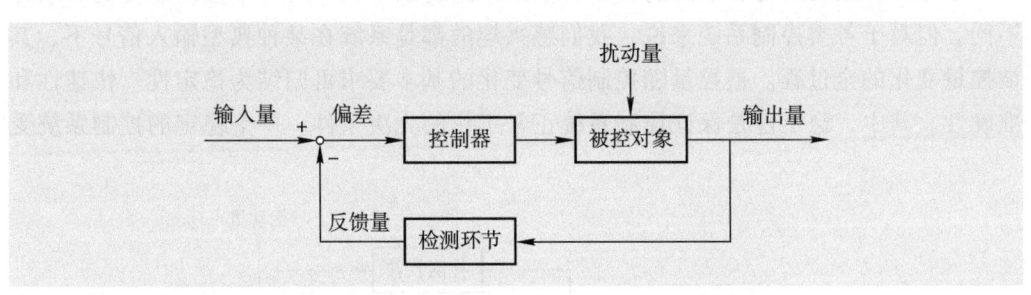

图 5-1 闭环控制结构图

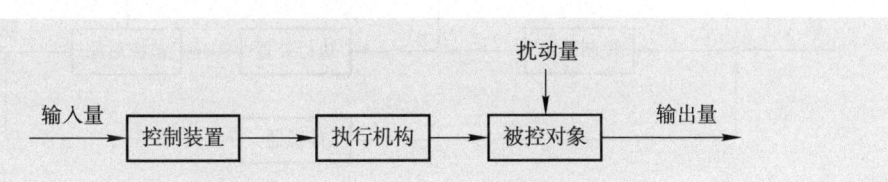

图 5-2 开环控制结构图

开环控制分为按给定量控制和按扰动控制两种类型。其中，按给定量控制的开环控制系统的每一个输入信号，必有一个固定的输出量与之对应。例如，对电热炉而言，电阻丝通电频率与炉温一一对应，通过调整通电频率调整炉温。这种对应关系调整越准确，开环系统的精度便越高。目前，自动售货机、自动洗衣机、温箱、自动生产线等自动化装置一般都是开环控制系统。

按扰动控制的开环控制系统通过计算扰动量大小，并通过补偿作用以减小或抵消扰动对输出量的影响，这种控制方式也称为前馈控制。前馈控制的原理不同于反馈控制，它实际上是一种按扰动进行补偿的开环系统。当干扰一出现，控制器就直接根据检测到的干扰大小和方向产生相应的控制信号抵消干扰。这种按扰动控制的开环控制方式是直接从扰动取得信息，并据此改变被控量。因此，其抗扰动性好，具有超前控制的特点。这种控制方式适用于扰动可测量的应用场景。

开环控制系统具有以下特点：①输出信号对系统控制作用没有影响；②控制精度低，当出现不可测的干扰时，系统不能自动地完成既定工作，需要人工重新调节后才能恢复正常；③开环控制结构简单、成本低廉、工作稳定。它适合被控量精度要求不高，并且不存在大的不可测的外部扰动的应用场景。

（3）复合控制方式

按扰动控制的开环控制方式和按偏差控制的闭环控制方式各有优缺点。按扰动控制的开环控制方式的优点是实现简单，缺点是它只适用于扰动是可测量的场合，而且一个补偿装置只能补偿一种扰动，对其余扰动均不起补偿作用。因此，可将这两种控制方式组合使用，对于可测的大的扰动用适当的补偿装置实现按扰动控制；同时，再通过反馈控制系统消除其余扰动产生的偏差。由于主要的扰动已被开环控制方式补偿，反馈控制系统就比较容易设计，控制效果也会更好。这种将两种控制方式相结合的控制方式称为复合控制方式。图5-3是复合控制系统的一种形式。

5.1.2 自动控制系统的性能指标

尽管自动控制系统有不同的类型，根据应用场景不同，对每个控制系统的要求也不同。但对于各类控制系统来说，我们感兴趣的都是系统在某种典型输入信号下，其被控量变化的全过程。被控量随控制信号变化的基本要求可归结为稳定性、快速性和准确性。其中，稳定性是保证控制系统正常工作的先决条件。一个稳定的控制系统受

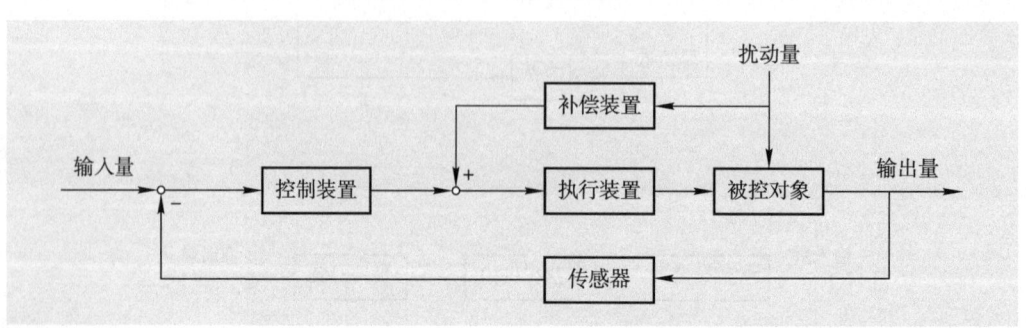

图 5-3 复合控制结构图

扰动前会处于平衡状态，受扰动后会偏离平衡状态，扰动结束后偏离的值应随时间的增长逐渐减小并趋于零。具体来说，对于稳定的恒值控制系统：被控量因扰动而偏离平衡状态后，经过一段时间的调整，被控量应恢复到原来的平衡状态；快速性是对控制系统过渡过程的形式和快慢的要求；准确性是对控制系统稳态性能的要求。稳态性能一般用稳态误差表示，即控制系统达到稳态时被控量实际值与期望值之间的误差。

控制系统的性能指标是衡量一个控制系统性能好坏的一组技术参数，它可分为动态性能指标和稳态性能指标。分析单个控制系统时，动态性能指标通常是更重要的。

（1）动态性能

动态过程又称过渡过程或瞬态过程，指在典型输入信号作用下，系统输出量达到稳态变化过程。由于实际控制系统具有惯性、摩擦以及其他一些原因，系统输出量不可能完全复现输入量变化。根据系统结构和参数选择情况，动态过程可能表现为衰减、发散或等幅振荡等形式，但只有动态过程为衰减的控制系统可正常工作。或者说，只有动态过程为衰减的控制系统才是稳定的。

通常在阶跃函数作用下测定或计算系统的动态性能。这是因为阶跃输入对控制系统来说是最严峻的工作状态。如果系统在阶跃函数作用下的动态性能满足要求，那么系统在其他情况下的动态性能也能满足要求。

（2）稳态性能

稳态性能指系统在典型输入信号作用下，时间趋于无穷时系统输出量的表现方式，它表示系统输出量最终复现输入量的程度。

稳态误差是描述系统稳态性能的一种性能指标，通常在阶跃函数、斜坡函数或加速度函数作用下进行测定或计算。若时间趋于无穷时，系统的输出量与预期不符，则系统存在稳态误差。稳态误差是系统控制精度或抗扰动能力的一种度量。

5.1.3 计算机控制系统

计算机控制的关键是建立以计算机为核心的控制系统。由于计算机的引入，使得控制系统结构、功能与实现技术有了较大变化。

计算机控制系统中的计算机可有各种规模，从单片计算机、单板计算机、微型计算机到大型的通用或专用计算机，但一般是指微型计算机系统。计算机控制系统由计算机系统、被控对象、检测装置和执行机构等组成，用计算机实现控制规律及其控制算法。计算机控制系统一般利用工业控制计算机（industrial personal computer，IPC）作为控制器来实现生产过程自动控制。计算机控制系统强调计算机是构成整个控制系统的核心，图5-4所示是简单的计算机控制系统组成框图。在计算机控制系统中，IPC主要完成三项工作：①实时数据处理。实时获取测量变送装置传回的被控变量值，并对数据做分析处理。②实时监督决策。对系统中的各种数据进行越限报警、事故预报与处理等。③实时控制及输出。根据被控量的特点和控制要求，选择合适的控制策略，并按照给定的控制策略和实时的生产情况，实现实时控制。

计算机控制系统属于闭环自动控制系统。其组成结构一般包含以下部分：①测量

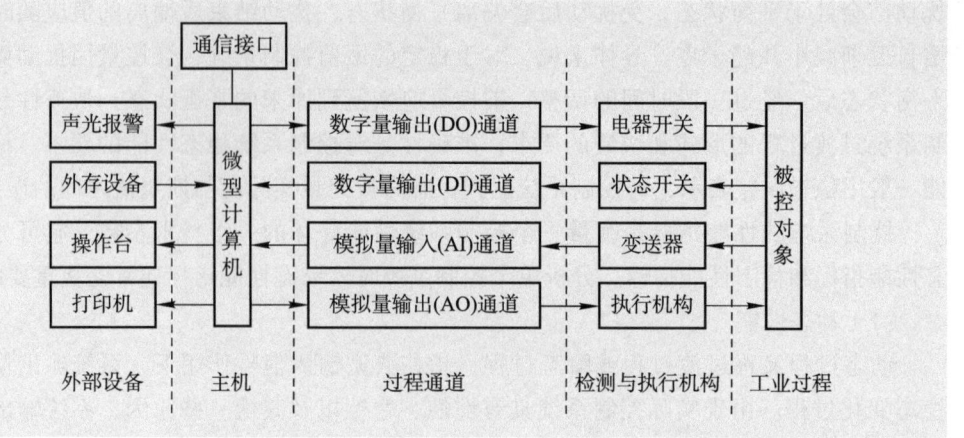

图 5-4 计算机控制系统组成框图

元件。测量元件主要用于测量被控制量及控制量，其精度直接影响控制系统的精度，所以应尽可能用精度高的测量元件和合理的测量线路。②比较元件。比较元件主要用于对被控制量和控制量进行比较，以便产生偏差信号。比较元件在多数控制系统中常常是和测量元件或线路结合在一起的。③放大元件。放大元件主要用于将偏差信号进行变换放大，使它具有足够的幅值和功率。④执行元件。执行元件根据偏差信号产生的控制作用，使被控制对象按照控制信号进行动作。

5.1.3.1 计算机控制系统的组成

计算机控制系统由硬件、软件和通信网络三部分组成：硬件是指计算机本身及其外围设备，软件是指计算机系统程序和过程控制程序，通信网络则负责各个独立通信系统内部各部件间数据信息交换。

（1）硬件

计算机控制系统的硬件主要包含以下几种：①主机。主机的主要功能是按照控制规律进行各种控制运算和操作，根据运算结果做出控制决策；对生产过程进行监督，使之处于最优工作状态；对事故进行预测和报警；生成生产技术报表等。②过程通道。过程通道是计算机与被控对象之间进行信息交换的桥梁和纽带，包括输入通道和输出通道两部分。输入通道把生产对象的被控参数转换成计算机可接收的数字代码，输出通道把计算机输出的控制命令和数据转换成对被控对象进行控制的信号。过程通道按数据传递的方式，可分为串行和并行接口；按信号类型和传输方向可分为模拟量输入（AI）通道、模拟量输出（AO）通道、数字量输入（DI）通道和数字量输出（DO）通道等。③外部设备。外部设备实现计算机与外界的信息交换，包括操作台（控制台）、显示器、外存储器等。其中操作台是计算机控制系统中的重要设备——人机接口设备。④通信接口。通信接口是中央处理器和标准通信子系统之间的接口。⑤检测机构。检测机构是指在控制系统中，收集和测量各种参数的检测元件及变送器，其主要功能是将被检测参数的非电量信号转换成电量信号。现代智能检测元件或装置的输出信号可通过网络直接送入计算机。⑥执行机构。执行机构的功能是按照计算机输出的控制信号进行动作，使被控量按照预定的方向变化。

（2）软件

计算机控制系统的软件包括系统软件和应用软件两部分：系统软件通常由计算机制造厂家提供，包括操作系统、程序设计接口、网络通信软件等通用软件；应用软件是为实现特定控制目的而编制的专用程序，它一般由设计控制系统的专业人员自行编制。

（3）通信网络

通过通信设备，将不同地理位置、不同功能的计算机（工控机）组成网络，实现控制信息或管理信息的交换和共享。当计算机控制系统规模较大，或控制的被控对象分散，或要求实现管控一体化时，一般都要进行联网，形成具有通信网络功能的控制系统。

在计算机控制系统中，过程输入输出通道（简称过程通道）主要负责计算机与控制系统的其他部分的通信。过程通道的主要任务是将生产过程中的各种参数和状态转换成计算机能识别的形式送入计算机，又将计算结果以数字量或转换成模拟量的形式输出给执行机构，从而对被控对象进行自动控制。

计算机控制系统的输入通道有两种，分别是模拟量输入通道和数字量输入通道。计算机控制生产过程的输出通道也有两种，即模拟量输出通道和数字量输出通道。计算机输出的控制信号是数字量，而大多数执行器件智能识别模拟信号，所以需用模拟量输出通道来实现信息的转换和电信号的转换；对于可识别数字信号的执行器，可用数字量输出通道进行信息的传输和控制。

5.1.3.2　模拟量输入通道

模数转换器（A/D 转换器）是模拟输入通道的核心部件，其实质是将模拟电压或电流转换成数字量的器件或装置。A/D 转换方法有逐次逼近式、双积分式、并行比较式、二进制斜坡式和量化反馈式等。各种转换方式各有优缺点，其中双积分式抗干扰能力强，转换精度较高，但转换速度慢；并行比较式转换速度快，但分辨率低，一般用于运动控制、视频转换等场合。

A/D 转换器的主要技术参数包括转换时间、分辨率、量程、线性误差和对基准电源的要求等。其中：转换时间是指完成一次模拟量到数字量转换所需要的时间；分辨率是指数字量的最低有效位所对应的权值；量程是指所能转换的电压范围；线性误差是指在满量程输入范围内，偏离理想的线性的转换特性的最大误差，常用 LSB 的分数表示，如 1/2LSB；对基准电源的要求是指是否需要外接基准电源，基准电源的精度对整个系统的精度影响较大。

5.1.3.3　模拟量输出通道

数模转换器（D/A 转换器）是模拟输出通道的核心部件，其实质是把数字量转换成模拟量的线性电路器件，简称 DAC。DAC 的种类很多，按工作原理分，主要有并行和串行两种。并行 DAC 可将数字量信号直接转换为模拟量信号输出；串行 DAC 先将数字信号转换为某种中间量（如频率一定、宽度随数字输入信号变化的脉冲信号），再将该中间量转化为模拟量输出信号。在时效控制中，主要用并行 DAC。

D/A 转换器性能的主要技术参数包括分辨率、转换时间、精度、线性度等。其中：

分辨率是指 D/A 能够转换的二进制数的位数，位数越多，分辨率越高；转换时间是指从数字量输入到完成 D/A 转换，输出达到最终值并稳定所需的时间；精度是指 D/A 转换器实际输出电压与理论输出电压之间的误差。一般用数字量的最低有效位作为衡量单位，如 ±1/2 LSB；线性度是指当数字量变化时，D/A 转换器的输出量按比例关系变化的程度。理想的 D/A 转换器是线性的。

5.1.3.4 数字量输入输出通道

在计算机控制系统中，除了模拟量输入输出信号以外，数字量（开关量）输入输出信号同样十分重要。只具有闭合与断开两种状态的信号称为开关量信号。开关的开断、触点的闭合、设备的运行以及安全状况等，都是以开关量的形式输入到计算机。同样，通过开关量的输出，可实现一系列的逻辑控制功能，如电动机的启动和停止、开关的闭合和断开、指示灯的亮和灭等。

开关量的种类不多，按类型可分为电平式和触点式两种，按有无电源可分为有源和无源两种。

数字量输入通道主要由输入调理电路、输入缓冲器、输入地址译码器等组成。其中调理电路的功能是将外部开关量产生的信号经转换、保护、滤波和隔离等措施转换成计算机能识别的逻辑信号。根据功率大小，输入调理电路可分为小功率输入调理电路和大功率输入调理电路两种。其中大功率输入调理电路所带电压过高，需要使用光电耦合器进行隔离。

数字量输出通道主要由输出锁存器、输出驱动器、输出地址译码器等组成。数字量输出通道的输出驱动电路可分为小功率直流驱动电路和大功率驱动电路两种。对大功率设备驱动时，一般利用固态继电器进行中转。

5.1.3.5 可编程序控制器

可编程序控制器（programmable logic controller，PLC）是计算机控制系统的一种。自 1969 年第一台 PLC 问世以来，经历了 50 多年发展，PLC 的种类在不断地更新，应用领域也在不断地扩大。目前，PLC 已经成为工业控制的主要手段和重要的基础控制设备之一。

PLC 是计算机家族中的一员，是为工业控制应用而设计制造的计算机，它具有丰富的输入/输出接口，并且具有较强的驱动能力。PLC 一般具有以下九个功能：①逻辑控制。PLC 具有逻辑运算功能，能够进行与、或、非等逻辑运算，可代替继电器进行开关量控制。②定时控制。即提供接通延时、关断延时和定时脉冲等功能。③计数控制。满足计数的需要。④步进顺序控制。步进顺序控制是 PLC 最基本的控制方式。⑤对控制系统的监控功能。PLC 具有较强的监控能力，操作人员可通过监控命令，查看系统的运行状态。⑥数据处理。PLC 具有较强的数据处理能力，对大量的数据进行快速处理。⑦通信和联网。现代 PLC 大多数都用了通信、网络技术，可进行远程控制，多台 PLC 可彼此间联网、通信。⑧输入/输出接口调理功能。PLC 具有 A/D、D/A 转换功能，可实现对模拟量的控制和调节。⑨人机界面。允许操作者和 PLC 系统与其应用程序相互作用，以做出决策和调整。

PLC 主要由中央处理单元（CPU）、存储器（RAM、ROM）、输入输出单元（I/O）、电源和编程器等组成。PLC 中常用的 CPU 主要有通用微处理器、单片机和双极型位片式微处理器三种类型。PLC 的存储器有系统存储器和用户存储器两种，其中系统存储器用来存放系统管理程序，用户存储器用来存放用户编制的控制程序。

PLC 系统还有一些辅助设备，如编程器、人机界面、输入输出设备以及底板或机架等。编程器是 PLC 开发应用、监测运行、检查维护不可缺少的辅助设备，其功能主要有：①将用户程序写入 PLC 的存储器；②检查程序、修改程序；③监视 PLC 的工作状态，但它不直接参与现场控制运行。编程器一般分为简易型和智能型两种，目前一般由安装 PLC 编程软件的计算机充当编程器。

PLC 用循环扫描的工作方式，其工作过程主要分为内部处理、通信操作、输入处理、程序执行、输出处理几个阶段。在内部处理阶段，PLC 检查 CPU 模块的硬件是否正常，复位监视定时器，以及完成一些其他内部工作。在通信操作阶段，PLC 与一些智能模块进行通信，响应编程器键入的命令，更新编程器的显示内容，当 PLC 处于停状态时，只进行内容处理和通信操作等内容。在输入处理阶段，顺序读入所有输入端子的通断状态，并将读入的信息存入内存。程序执行阶段是智能控制中最重要的阶段，读入的数据在这一阶段进行处理，并将计算结果输出。输出处理阶段负责向外部输出控制信号，驱动外部设备动作。

PLC 的工作模式有运行工作模式和停止工作模式两种。当 PLC 处于运行工作模式时，PLC 要进行内部处理、通信操作、输入处理、程序处理、输出处理，然后按上述过程循环扫描工作；当 PLC 处于停止工作模式时，PLC 只进行内部处理和通信操作等工作。

5.2 牧场智能控制基本原理

5.2.1 智能控制定义

智能的核心是一种思维的活动，研究智能控制理论的目标，是要设计制造出一系列在一定应用场景中不需要人工干预或只需要少量人工干预的情况下，智能地执行各种任务的机器设备，且使用这些设备完成各项工作时，应达到或高于人工水平。可把智能控制看作是人工智能、自动控制和运筹学三个主要学科相结合的产物。图 5-5 所示结构，称之为智能控制的三元结构。

智能控制的三元结构可用交集形式表示如下：

$$IC = AI \cap AC \cap OR$$

这种三元结构理论表明，智能控制就是应用人工智能的理论与技术和运筹学的优化方法，并将其与控制理论方法与技术相结合的产物。当被控对象所处的环境复杂度很高时，智能控制系统可仿效人的智能实现智能反应和智能决策，进而实现智能控制。

图 5-5 智能控制的三元结构

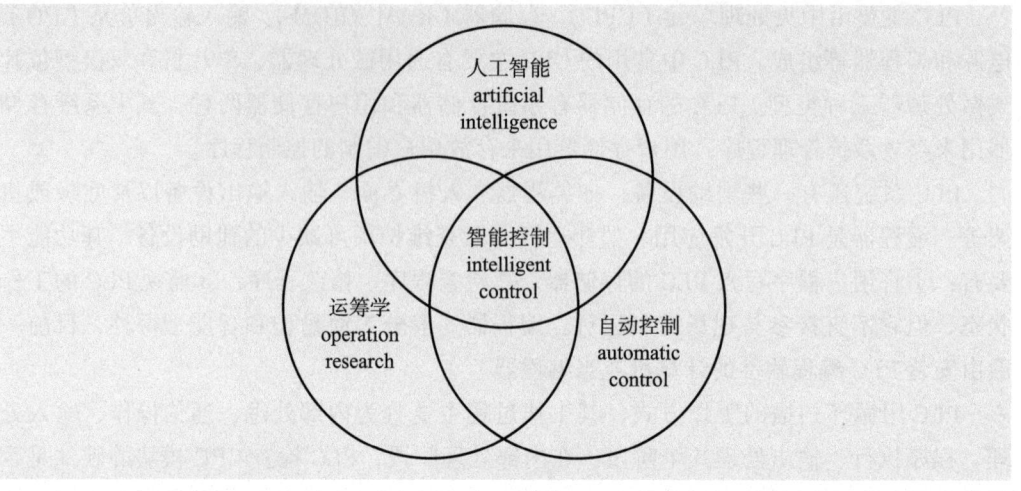

或者说,智能控制是一类不需太多的人为干预就能够实现对目标设备的自动控制。

智能控制的定义方法有很多种,但从工程控制角度看,最主要的是三要素,即智能信息、智能反馈和智能决策。从集合论的观点,可把智能控制与三要素关系表示如下:

$$[智能信息] \cap [智能反馈] \cap [智能决策] \subseteq 智能控制$$

智能控制是以知识为基础的系统,所以知识工程是研究智能控制的重要基础。

5.2.2 智能控制原理

近年来,把传统控制理论与模糊逻辑、神经网络、遗传算法等智能技术相结合,实现对复杂系统的控制,逐渐形成了智能控制理论的雏形。目前对"智能控制"这一术语尚未有确切的定义,电气与电子工程师协会(IEEE)控制系统协会认为智能控制系统必须具有模拟人类学习(learning)和自适应(adaptation)能力。

智能控制的概念和原理是针对被控对象及其环境、控制目标或任务的复杂性和不确定性而提出来的。智能控制系统应该具备适应不断变化的环境能力,能有效地处理各种信息,可用安全可靠的方法进行设计、生产和实施控制操作以实现设定的目标和性能指标。智能控制系统的一般结构如图 5-6 所示。

5.2.3 智能控制特点

控制系统在一定(结构、大小)的参数改动下,继续保持它的某种性能特性,称

图 5-6 智能控制的一般结构

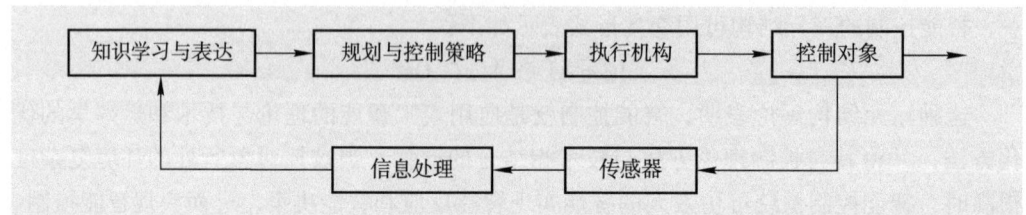

为鲁棒性。鲁棒性是指稳健性或稳定性。比如说，计算机软件在遭遇到问题时能否不卡机、系统能否继续使用，这就是此款软件的鲁棒性。鲁棒性一般用来描述某个系统在遇到某种干扰时，其性质能够比较稳定。控制系统的鲁棒性是指控制系统被具有一定的不确定性参数或者外界条件扰动时，控制系统保持自身稳定运行的能力。

智能控制与传统控制的主要区别在于控制模型不同。与传统控制相比，智能控制具有以下基本特点：

（1）智能控制系统对复杂系统实施全方位的"监视"，同时当系统收到错误指令时仍然能够确保系统的不中断服务。

（2）智能控制可结合多种算法和控制方法协同工作。智能控制系统能使用以知识表示的非数学广义模型和以数学表示的数学模型组成的混合控制过程，可用开闭环控制和定性决策及定量控制结合的多模态控制方式。

（3）智能控制系统具有能自动修正自身部分结构的特性，使其在不同的环境条件下仍能正常运行。

（4）智能控制系统可通过不断地学习适应新的控制环境。

（5）智能控制系统有补偿及自修复能力和判断决策能力。

5.2.4 智能控制分类

智能控制系统的核心是智能控制器，主要包括以下三大控制系统，即模糊智能控制系统、神经网络控制系统和专家控制系统。

5.2.4.1 模糊智能控制系统

随着社会经济的不断发展，控制系统的复杂性也在不断提高。当控制系统的复杂性提高到与人类思维比肩时，传统的数学模型已无法解决这类控制问题。模糊数学或模糊逻辑与人类思维具有相似性，通过模糊理论可更好地解决复杂的控制系统问题。

模糊控制系统（fuzzy control）将人们实施控制过程中的经验和知识通过模糊运算转变为符合实际要求定量的精准控制，实现了定性和定量上的知识和控制的统一，很好地模拟了人在信息不完善时实现控制作用的思维过程。

模糊计算以模糊逻辑为基础，以模糊规则、模糊变量和隶属函数为核心，通过抓住人类思维中的模糊特点，以仿照人类的综合思维判断来处理模糊信息的难题。模糊控制系统的优点是：①建模简单，不用设计控制对象的数学模型，只要把经过实践得到的经验、知识和数据输入到系统中即可。②系统的鲁棒性很强，尤其适用于非线性时变、滞后系统的控制。

5.2.4.2 神经网络控制系统

人工神经网络（artificial neural network）基本思想是从仿生学的角度对人脑神经系统进行模拟，以神经元连接机制为基础，由简单的处理单元组成人工神经网络，从网络结构上直接模拟人脑神经元，使机器具有人脑那样的感知、学习和推理等智能。

人工神经网络的本质是非线性系统，能够无限接近任何一个复杂的非线性关系。因为网络内的各神经节点都平均分布着信息，所以它具有很高的全面处理信息能力。

人工神经网络具有很强的容错性，能通过不断地学习修正控制过程中的误差。它的并行结构可快速处理大量复杂的运算，在解决及时性要求比较高的自动控制领域凸显出很高的优越性。

人工神经网络的最主要特征之一是可学习。一个人工神经网络的模型要达到某种功能的操作，就必须先对它进行训练，即让它学会要做的事情，并把这些知识储存在网络模型中，人工神经网络的学习或训练的实质就是加权矩阵随外部激励做自适应变化。

5.2.4.3 专家控制系统

专家控制系统（expert control system）将人工智能中的专家系统技术引入自动控制系统，是对专家智能的扩展和延伸。专家控制系统将许多在实践中摸索的方法有选择性地进行结合，然后可根据实际问题智能地选择最优的控制方法，实现智能控制。专家控制系统具有解释、预报、诊断、规划和执行等功能。

专家控制系统的主要部分由相联系领域的知识库和推理机构成。知识库包括相关领域知识构成的知识数据库和推理规则构成的规则库。推理机的基本功能是依照最优方法选择使用推理准则。推理机具有不断向前推理的本领，即能够依据条件推理出结果，而不是一味地查询已有的结果。推理机还具有启发推理、算法推理、正向与反向或双向推理、串行或并行推理等功能。专家控制系统的控制效果主要取决于专家控制知识的获取，以及推理方法的先进性。

5.2.5 牧场智能控制系统

畜牧智能控制系统主要由感知层、传输层、控制层、应用层组成。感知层一般由各种传感器集成；传输层主要包含各类无线传输终端，将采集层的数据传输到上位机平台；控制层主要包括各种环境因素的控制以及定时投喂、定时清粪等；应用层为用户监控平台，可远程监控各畜舍内的环境情况。

牧场智能控制系统中主要集成了各种传感器技术、信息化环境检测技术、养殖环境控制技术、RFID无线电子标签标示技术、Zigbee局域网无线通信技术、5G无线远程通信技术、视频远程监控技术、疾病监控技术、质量追踪回溯技术、生长曲线与营养模型动态预测技术、发情自动监测和设备的自动控制技术等。

5.2.5.1 牧场舍内环境智能控制系统

牧场舍内环境指标包括：二氧化碳、硫化氢、氨气、空气温湿度、光照度、气压、噪声、粉尘等。其中，畜舍内刺激性气体、粉尘和部分固体颗粒浓度过高会使畜禽暴发疾病的概率提高，温湿度和光照度异常会影响畜禽的生长和繁殖。牧场舍内环境自动控制系统通过对舍内相关设备的控制，实现牧场舍内环境（氨气等有害气体浓度、温湿度、光照度等）的集中、远程、联动控制。

牧场舍内环境智能控制系统主要由自动感知系统、数据传输系统、控制中心、通风系统、温度调节系统五个部分组成，实现牧场舍内环境信号的检测、传输、分析和处理。用户可根据各牧场的实际需求，在舍内布置各种传感器。根据牧场实际需求设置这些环境因素的正常范围值。当超出正常范围值时，智能控制中心综合分析后，向通风系统和温度调节系统等控制终端发出指令，进行动作，将舍内环境调整到正常水平。牧场舍内环境智能控制系统模型如图 5-7 所示。

5.2.5.2 种公畜自动测定系统

在种公畜育种过程中，要掌握种公畜各方面的性能数据因此种公畜自动测定系统在育种过程中的应用非常重要。它的主要功能是对大栏里的个体种公畜的生产性能进行实时跟踪、测定、计算、统计与生成报告。报告的主要输出结果有：种公畜的生长速度、采食量、料肉比、体重到达某公斤的日龄及生长曲线。

智能化种公畜测定系统通过电子耳牌识别种公畜，在种公畜自由采食时记录每头种公畜进入、退出测定站的时间、料槽重量。每次进入、退出的料槽重量差即是该种公畜的采食量。在测定种公畜采食量的同时测定仪将对该种公畜的体重进行记录，测定系统将对每头种公畜一天当中每次采食量进行累加，产生日采食量。根据种公畜的习性，每头种公畜每天按等级排序进入测定站采食，将当日测定的体重取平均值作为该种公畜当天的体重值，并以平均采食量和平均日增重的比值计算饲料报酬。测定数据自动上传，形成报表。

5.2.5.3 牧场远程监控系统

远程监控系统是安全防范体系的重要组成部分。随着网络宽带、计算机处理能力和存储能力的迅速提高，以及视频处理技术的提高，具备现代化功能的视频监控系统的卓越优点逐渐显现出来，其高度集成性使系统和设备的性能与以前相比有质的飞跃。牧场大都建立在远离城市的地区，不利于管理人员随时了解牧场的情况。因此，利用远程监控系统帮助管理人员实现对牧场的生产管理具有重大意义。它可根据各个摄像头传输回来的数据在移动终端或终端平台上实时看到牧场内的情况，有利于牧场管理者远程观察了解牧场的生产和养殖情况。

牧场远程监控系统主要包括：①摄像机，在栏舍安装一台或多台摄像机，实时采集图像数据；②红外热成像仪，通过红外热像仪实时采集动物体表温度数据，可用于分析动物健康状况；③牧场内服务器，用于接收、分析和存储摄像机和红外热像仪传

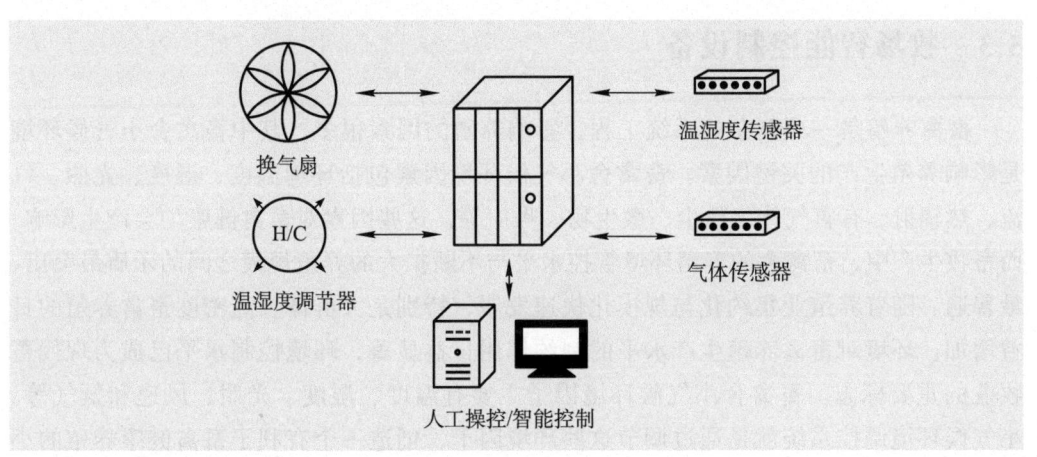

图 5-7 牧场环境信息采集系统示意拓扑图

回的图像数据,并作为服务终端向用户转发图像数据;④终端 App,终端 App 安装在牧场管理员手机上,可从场内服务器中获取图像数据并展示给牧场管理员;⑤数据传输网络,数据传输网络负责场内服务器与各个摄像机和红外热像仪的连接,以及场内服务器与各个终端 App 的连接和数据传输。

5.2.5.4 基于 NB-IoT 的智慧畜牧管理系统

过去,经常使用 GPS+GPRS 畜牧定位系统对放牧动物进行管理,使用效果较好;但还是存在着许多问题,比如定位系统耗电大导致需频繁更换电池、耗时耗力以及牧场位置较远、信号差等问题。随着物联网技术发展,这一情况逐步有望得到改善。NB-IoT 是一种基于 LTE 蜂窝移动网络的窄带 IoT 技术,具有传输距离长、覆盖面积广、耗电量少、成本低等优点,是物联网领域前所未有的创造性技术(图 5-8)。该系统的目的是要为牧场及牲畜提供实时监护服务,整个系统主要功能应包括:①牧场环境参数监测,如空气温度湿度、土壤温度湿度、风速、风向、沙尘、光照、气压等;②牲畜生理参数监测,如体温、心率、运动量等;③对牲畜实时定位监控;④牧场环境及放牧管理;⑤牲畜健康及生产管理。

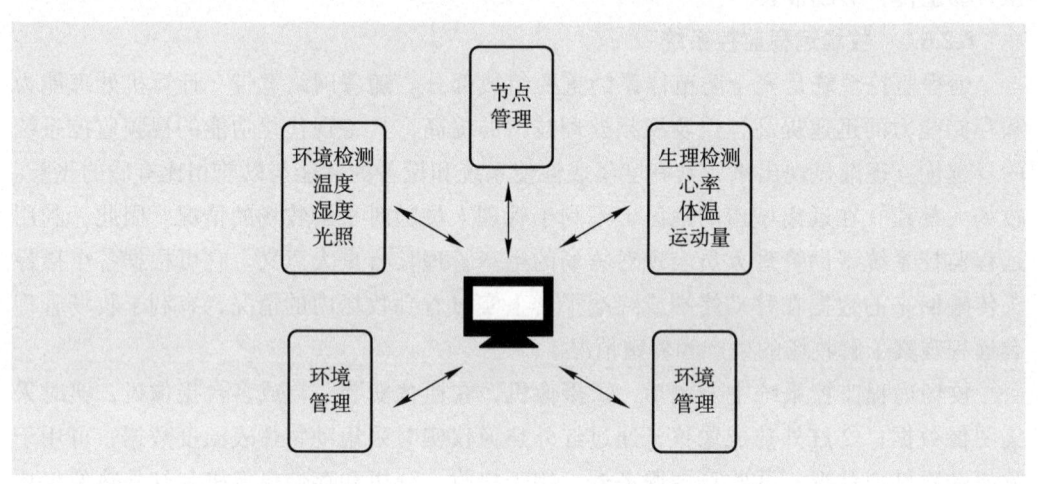

图 5-8 NB-IoT 牧场系统示意图

牧场智能控制设备

5.3 牧场智能控制设备

畜禽养殖是一项复杂的系统工程,影响养殖的因素很多,其中畜禽舍小气候环境是影响养殖生产的关键因素。畜禽舍小气候环境因素包括环境温度、湿度、光照、气流、热辐射、有害气体、粉尘、微生物、噪声等,这些因素对畜禽健康均会产生影响。而畜牧生产中,畜禽舍的养殖环境管控水平与不断扩大的养殖规模之间的矛盾最突出、最普遍。随着养殖业集约化与规模化快速发展,特别是大群体、高密度畜禽养殖的日益增加,环境对畜禽养殖生产水平的制约作用日益显著,环境控制水平已成为现代畜牧业的重要标志。畜禽舍小气候环境因子主要有温度、湿度、光照、风速和氨气等。小气候环境调控系统就是通过调节这些环境因子,创造一个有利于畜禽健康养殖的小气候环境，提高动物福利和经济效益。

5.3.1 环境智能控制设备

标准圈舍不仅是畜禽日常生活的环境，也是其配种、保胎和产仔的场所。因此，圈舍的环境直接关系到畜禽的生产性能和牧场的经济效益。各动物对舍内的温度、湿度、有害气体浓度和光照时长等多个环境因素都有具体要求。例如：当冬季圈舍内温度过低时，动物采食的饲料大部分甚至全部用于维持体温，导致动物增重缓慢；温度和湿度过高时又会导致动物精神萎靡，采食量和抵抗力降低。另外，在半封闭或全封闭的圈舍里，动物呼出的大量二氧化碳、排泄的粪便和食物残渣降解所产生的硫化氢和氨气等有害气体会在圈舍聚集。这些有害气体浓度过高会严重影响动物的呼吸系统，动物的发病率高，使养殖利益受损。因此，为了畜禽更好地健康生长，需要对畜禽舍内环境进行智能控制。

5.3.1.1 温度智能控制设备

温度智能控制设备通过温度传感器监测圈舍温度，通过加热装置和降温装置（如风机、水帘）调节圈舍温度。在温度传感器检测到的圈舍温度大于给定值时，控制器根据偏差情况按一定的控制规律发出相应的输出信号，控制风机 - 水帘降低温度。当温度传感器检测到圈舍温度低于设定值时，控制器根据偏差情况按照一定的控制规律输出信号，控制加热装置动作提升圈舍温度。但是，在控制圈舍内其他环境因素（如湿度、有害气体浓度）时，可能会采取加湿、开窗通风等动作。这些动作会对温度造成一定的扰动，需要用前馈控制进行补偿，避免控制器和执行器不停地动作。

5.3.1.2 湿度智能控制设备

湿度智能控制设备可调节圈舍相对湿度，通过湿度传感器感知圈舍湿度，通过蒸汽加湿器和通风设备调节圈舍相对湿度。当测定的湿度值低于预定值时，控制器驱动加湿器动作提升舍内相对湿度；当舍内相对湿度高于预定值时，控制器驱动通风设备降低舍内相对湿度。但是，在控制圈舍内其他环境因素（温度和有害气体浓度）时，可能会对湿度产生一定的干扰，需要通过前馈控制进行补偿，达到及时控制的目的。

5.3.1.3 有害气体浓度控制设备

由于畜禽的呼吸以及粪尿、饲料残渣和垫草的腐败分解等，会产生二氧化碳、氨和硫化氢等有害气体。通常用气体传感器监测各有害气体浓度，通过通风装置降低有害气体浓度。

图 5-9 所示是以 CO_2 浓度为例进行的气体控制，被控参数为 CO_2 浓度，控制对象通常为通风装置。通常用简单的 PID 控制，当测得气体浓度大于给定值时，控制器输出控制信号驱动通风装置动作，从降低圈舍内气体浓度，保障家畜的健康成长。

5.3.1.4 智能光照控制设备

光照是影响畜禽生长、生产和繁殖的一个重要环境因素，是畜禽环境的重要组成部分，其信号可通过视网膜将神经冲动传递给下丘脑视交叉上核，然后经过室旁核，最后传递到松果体，促使松果体分泌褪黑素，进而影响家畜的生理功能和生产性能。

适宜的光照度和光照时间是保持畜禽良好的生产和繁殖的重要条件。牧场智能光照控制设备通过光照度传感器感知光照度大小，使用历史光照度计算光照时间，通过照明开关和遮光门窗控制光照度和光照时间。当光照度传感器检测到光照度和时间未达到设定值时，控制器按照控制规律输出信号驱动照明设备工作，以增强光照。当光照度和光照时间超过设定值时，控制器按照控制规律输出信号驱动遮光门窗关闭，从而降低光照度和减少光照时间。

5.3.2 智能定位设备

智能定位设备既可用于牧场中饲料投递车等生产运输车辆，又可直接安装在动物身上，以记录车辆和动物的活动轨迹。智能定位设备可与其他感知和控制设备组合工作，进而实现牧场的精细化管理。例如，在饲料运输车上安装定位设备，定位设备可将车辆位置信息上报云服务器，云服务器即可计算饲料投递车所在的栏位。云服务器根据该栏位的畜禽的营养需求计算投料量，并将投料量下发到饲料称重和投喂设备，即可实现饲料精确投喂。

在放牧饲养的动物身上安装智能定位设备可记录动物运动轨迹：在动物丢失后一键找回；也可通过动物运动轨迹监测各牧区放牧情况，实现牧区精细化管理，避免过度放牧。定位设备也可和加速度传感器、温度传感器等组合使用，预判牲畜的健康信息，以便更早发现病情。

5.3.3 智能粪污处理设备

养殖业废水作为高浓度有机废水，富含大量病原体，受雨水冲洗进入水体，极易造成地下水或地表水水质的恶化。由于粪尿中的氮、磷及水溶性有机物等淋溶量大，加之畜禽粪尿的淋溶性又比较强，如若处理不妥善，这些废水会通过地表径流和渗滤进入地下水层，会造成地下水污染。

以牛场为例，牛场智能粪污处理设备可实现从集纳、传输、固液分离、牛床垫料到污水排放控制整个流程为全自动化控制。具体表现为：①在粪便清除方面，当自动刮粪装置上的温度感应器检测到外界的气温在 0℃以下时，会自动把信息上报到控制中心并执行导轨开启指令，以减少轨道结冰带来的影响。②粪量监测和控制。在收粪池的上方装有液位仪，当粪便达到设定的液位值时，信息就会上报到控制中心，控制中心会发出指令进行一连串的动作处理粪污，即先把粪便搅拌之后再开启粪污泵把粪污抽入到再生系统的固液分离机内进行处理。在计算机算法的自动控制下，系统会根据所选粪污用途的不同自动控制发酵时间、温度和转速。③处理后水质控制，污水净化系统可自主测验水质状况，如果没有达到标准水质要求的结果，就会把它返回上一级继续净化，直至达到标准值。

5.3.4 智能饲喂设备

智能饲喂设备是能根据饲料配方完成自动取料、自动投料的饲喂机器人。它可定时定量地完成投喂，且畜禽在嘴边就可吃到，方便了畜禽的采食。荷兰 Lely 公司研发的导轨式投料机器人具有自动取料功能，它可根据管理者所下达的日粮配方，自动进入配料车间的特定位置，按设定好的取料顺序采集不同的饲料原料。饲料原料按照设定好的种类及比例投入机器人料仓后，机器人按固定的导航轨道进入牛舍。它可边行走边搅拌边投料，投料任务结束后会自动回到原先的位置等待新的任务；但是该机器人的运行需要在牛舍及原料之间安装有固定导航路线，才能真正达到机器人与养殖牧场的最佳搭配[1]。

自动推料机器人也可完成自动投喂。其安装有超声波感应器，可计算出与牛栏的距离并通过事先设定好的距离行进推料。其底部内置的传感器一方面能够保证机器人在事先设定好的程序中行进，另一方面还能用来判断充电站的位置所在。推料机器人可 24 h 不间断工作，极大节省了养殖成本，解放了劳动力。

5.3.5 牧场智能控制设备应用实例

5.3.5.1 猪舍温度智能控制设备的应用

猪舍环境智能控制设备可给猪提供更加适合生长发育的环境。该设备利用物联网技术可实现风机、天窗、水帘和加暖设备等环控设备的智能化控制，可自动调节圈舍的氨气浓度、二氧化碳浓度、温度和湿度等，对圈舍环境异常、设备运行异常和异常断电实现智能预警。猪舍环境智能控制设备为养殖过程提供一整套高效的环境控制管理解决方案，实现高效养殖，有效提高生产管理效率，节约生产成本。

温度对于猪的生长发育影响很大。公猪的最高温度阈值为 27℃，如果超过这个温度并持续 24 h，会导致产精器官发生严重的热应激反应。哺乳母猪的温度阈值为 25℃，高温会降低母猪的采食量，进而严重影响母猪对幼年仔猪的哺乳。保育和育肥猪对低温更敏感，其中断奶仔猪在出生后的一周温度至少要保持在 25℃以上，白天和晚上的温度差值不能超过 2℃，育肥时期温度要控制在 20℃以上。因此，需要可靠的智能保温供暖设备自动监测和控制猪舍温度。

猪场温度智能控制设备一般由风机、水帘、空气过滤器、加热系统和控制系统组成。控制系统是该设备的核心，对系统的运转具有指导作用。现代控制设备已经智能化，可远程控制和报警，方便管理。

5.3.5.2 猪舍光感设备的应用

光照是影响猪生长发育的因素之一，合理的光照环境可促进猪的生长发育和性腺活动，提高生产性能和繁殖性能，增加经济效益。对于育肥猪而言，适当提高光照度可增加育肥猪的活动时间，加速脂肪水解，降低脂肪沉积，进而提高胴体瘦肉率和胴体品质。但是过度增加光照度不利于猪的生长。光照度也会影响母猪繁殖性能。如果

学习与讨论

STM32 在生猪流食精准饲喂中的设备设计与应用实现

学习与讨论

农场动物精准营养技术

---

[1] 赵一广，杨亮，熊本海，等. 家畜智能养殖设备和饲喂技术应用研究现状与发展趋势 [J]. 智慧农业，2019, 1 (1): 20-31.

母猪得不到充足的光照，其卵巢重量就会降低，受胎率也会明显下降[1]。实验表明，当光照度由 10 lx 提升到 60 lx 后，产仔性能、仔猪初生重和成活率均有上升，产后母猪健康状况良好。所以，需要通过智能光感设备检测猪舍内光照度是否符合设定范围，如果超出设定范围，控制系统会调节猪舍内的光照度使之达到设定的范围值。

5.3.5.3 其他智能控制设备

爱尔兰公司设计的传感装置装置可挂在乳牛尾巴上，通过感测尾巴动向，在尾部脊柱收缩超过某个阈值时就可发送乳牛即将生产的信息，这可节省人力去探查牛只情况。

使超高频 RFID 技术可实现屠宰加工过程中各个环节的自动识别。利用贴标、挂钩、监控、分级、入库及出库环节的自动识别和数据采集，有效地解决了进场检疫、待宰观察、屠宰检疫、肉制品分割及副产品整个追溯链管理。

5.4 牧场的智能控制设备选型原则

设备选型是指在满足牧场某一需要的不同品牌、不同型号和不同规格的设备中，通过综合分析和评估，选择合适的品牌、型号和规格。牧场智能控制设备合理的选型选配是保障其高效运行的基础，可有效地达到节约人力、物力和财力的目的。

5.4.1 实用性和经济性

牧场智能设备一般具有价格高、投资规模大和投资回本慢等特点。因此，在应用过程中一定要注重其实用性和经济性。

智能设备的实用性和经济性与畜牧企业规模和发展定位密切相关。对于大规模、高科技或种用畜牧企业，可选用更多智能型的设备来降低人力成本，提高生产效率。对于中小型畜牧企业，可根据企业资金、劳动力成本和后期发展规划等因素，分批次、分阶段地引进一些小型智能化设备，以降低投资成本，规避企业风险。

大规模畜牧企业在选用智能化设备时，应先小规模试用，效果稳定后再大批量地推广应用。大规模畜牧企业的试点牧场既可先小规模智能化，选取不同的知名品牌设备对比其效果，也可进行成套规模化的设备升级。在对智能控制设备选型选配的过程中，应遵循"边投资、边使用"原则。同时在智能化配套系统建设时，量力而行，尽量在满足牧场和集团战略布局需求的前提下，选用性价比高的智能控制设备和智能配套系统。

智能设备的实用性和经济性与畜牧企业地理位置和相关配套设施也密切相关。对于地势开阔、交通便利的平原地区，可选用一些大型、大规模的智能设备。但对于山

---

[1] 姚春燕，李琴，王强军，等．光照对猪生产性能及生理节律的影响[J]．畜牧与兽医，2019，51（09）：113-118．

区等地势陡峭、交通不便的地区，可选用一些中小型的智能设备，并可根据需要定制一些大型智能设备。无论平原地区还是山区的畜牧企业，都要保证智能设备与电力、水源、信号等环境和人员的配套。

5.4.2 先进性和成熟性

智能控制设备相较于传统人工养殖，具备较强的先进性，但对于国内畜牧企业来说，有些设备及其应用还不成熟，即设备可能不适合我国牧场的应用场景，在实际使用中可能出现各种各样的问题。智能设备的成熟性是提高设备生产率的前提。在实际选配智能设备时不能盲目地追求尚不成熟的新设备或一些不实用的新功能，要更加注重智能设备与控制系统、畜牧场环境和使用人员能力相配套。

牛和羊养殖企业在选用智能设备过程中，要更加注重先进性和成熟性。相较于猪和鸡养殖企业，牛和羊养殖企业用的智能设备较少，其中最重要的原因就是牛和羊的投资大、养殖周期长、资金周转周期长，更易受市场波动的影响。对于牛、羊养殖企业来说，最好不要一次性投入过多的资金，可优先选用一些投资少、实用性好、更成熟的智能化设备及信息管理控制系统，如智能粪污处理设备和智能环境控制设备等。

5.4.3 标准化和开放性

标准化是指在社会实践中通过制定、发布和实施标准达到统一，以获得最佳秩序和社会效益。智能设备的开放性是指智能设备需提供接口，并可通过接口与其他智能设备联合工作。畜牧场智能设备及配套信息管理控制系统的标准化和开放性对未来智慧牧场高质量发展起着关键性的作用。畜牧场智能设备主要参数和零部件的标准化和开放性，有利于设备的升级改造和降低维修成本。在引进智能装备时，尽量选择系列化、标准化的设备，保证各智能设备间的协同运行能力。

5.4.4 安全性和易维护性

智能化程度越高的牧场，设备出现安全或其他方面问题给企业造成的损失也越大。智能设备的安全性和易维护性涉及牧场生产的安全和稳定，在引进设备时要高度重视，统筹协调。智能设备的安全性包括以下几方面：①具有容错能力。即操作人员误操作时设备不会出现故障，也不会造成生产上的损失。②对操作员安全。在设备动作发生错误时，不会造成故障和事故，保证人、机安全。③设备自身安全。设备应具备完善的自我安全防护功能，设备运行发生意外或故障时，具有自我保护措施，不会造成事故蔓延。④设备对环境友好。设备操作空间的噪声、振动、尘埃、温湿度、有毒有害气体排放应不超过相关安全卫生标准。

由于牧场大都地理位置偏远，比较分散，不便于智能设备的及时维护。因此，智能设备的零部件和结构要符合国内外相关标准，便于检查、维修和购买。

智能设备的选型选配要从安全性、稳定性、技术支持和维修能力等方面进行统筹考量，提供全方位的安全保障，同时还要建立完善的安全应急预案，以确保牧场生产的安全性和稳定性。

? 思考题

1. 牧场中还有哪些智能设备？这些智能化系统对我国智慧牧场发展有什么优势？
2. 智能控制的特点是什么？
3. 光传感器在蛋鸡和肉鸡养殖场有哪些具体应用？
4. 环境智能控制系统的工作原理是什么？
5. 基于NB-IoT的智慧牧场管理系统的工作原理是什么？
6. 牧场中还有哪些传感系统集成？

第 6 章
牧场智慧信息平台

牧场智慧信息化平台指的是集成现代信息技术所开发的一系列应用于牧场生产管理的综合服务系统，既包括软件程序，又包括硬件设备。牧场智慧信息化平台中的软件程序包括种畜禽信息注册和遗传评估系统、饲料管理和配方系统、畜禽辅助疾病诊断系统、各硬件设备驱动程序以及智能决策程序等；硬件包含牧场中信息感知、数据传输、数据存储和智能控制相关的硬件设备。将这些软件和硬件集合成牧场智慧信息化平台的过程，不是只将这些软件和硬件简单地拼接，而是需要根据本场实际情况统筹牧场智慧信息化平台建设需求。在程序设计和设备选型时均需考虑各设备和各系统之间的衔接。

本章教学课件

6.1 种畜禽信息注册和遗传评估系统

种畜禽遗传资源的信息化管理对我国的遗传资源保护及育种具有重大意义。近年来，国家对畜禽种质管理的重视程度提高，颁布了一系列的法律法规，如《全国畜禽遗传资源保护和利用"十三五"规划》《畜禽遗传资源保种场保护区和基因库管理办法》《优良种畜登记规则》等。这些工作的执行都离不开种畜禽信息化管理，而种畜禽信息化管理的首要工作就是注册。遗传评估系统的本质就是通过遗传评估算法，计算种畜的种用价值。

6.1.1 种畜禽信息注册

《种畜禽管理条例》第 2 条规定，种畜禽是指种用的家畜家禽，包括家养的猪、牛、羊、马、驴、驼、兔、犬、鸡、鸭、鹅、鸽、鹌鹑等及其卵、精液、胚胎等遗传材料。

（1）畜禽标识

2006 年农业部发布的《畜禽标识和养殖档案管理办法》指出，国家实施畜禽标识及养殖档案信息化管理，实现畜禽及畜禽产品可追溯。农业农村部建立的国家畜禽标识信息管理系统包括了国家畜禽标识信息中央数据库。省级人民政府畜牧兽医行政主管部门建立本行政区域畜禽标识信息数据库，并成为国家畜禽标识信息中央数据库的子数据库。畜禽标识实行一畜一标，编码应当具有唯一性。畜禽标识编码由畜禽种类代码、县级行政区域代码、标识顺序号共 15 位数字及专用条码组成。猪、牛、羊的畜禽种类代码分别为 1、2、3。编码形式如下：

$$\boxed{\begin{array}{c} \text{×} - \text{×××××××} - \text{×××××××} \\ \text{种类代码 – 县级行政区域代码 – 标识顺序号} \end{array}}$$

畜禽养殖代码由县级人民政府畜牧兽医行政主管部门按照备案顺序统一编号，每个畜禽养殖场、养殖小区只有一个畜禽养殖代码。畜禽养殖代码由 6 位县级行政区域代码和 4 位顺序号组成，作为养殖档案编号（见下）。饲养种畜应当建立个体养殖档案，注明个体的标识编码、性别、出生日期、父系和母系品种类型，父本和母本的标识编码等信息。

$$\boxed{\begin{array}{c} \text{××××××} - \text{××××} \\ \text{县级行政区域代码 – 顺序号} \end{array}}$$

随着联合育种工作的深入，政府征求了针对专门化畜种的身份标识的意见。《畜禽种业文件汇编（2017）》中发布了试行版的《肉羊品种登记办法》，该办法指出肉羊的标识应包含品种、城市、羊场、年份等信息，具体的肉羊标识示例如下：

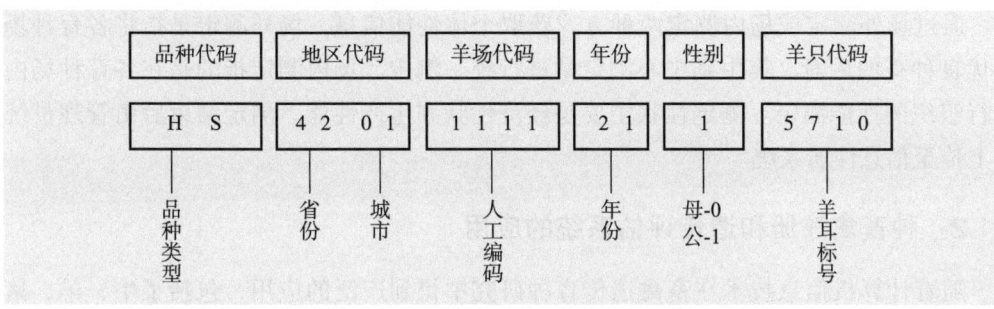

图 6-1 肉羊身份识别码

（2）数据采集

数据采集是建立畜禽养殖管理信息系统的基础和关键。畜禽养殖信息主要包括养殖场信息和种畜禽信息。

1）养殖场信息的采集

养殖场信息包括了空间位置信息和养殖场属性相关信息两部分。养殖场属性指的是养殖场数量、面积、养殖规模等相关数据。

养殖场空间信息采集的相关技术和设备。3S 技术即地理信息系统（geographic information system，GIS）、遥感技术（remote sensing，RS）和全球定位系统（global positioning system，GPS）的应用为畜禽养殖信息快速获取、空间图形表达、信息资源的整合及管理决策，提供有效的工作平台和可靠的技术支持。GIS 具有较强空间信息管理的综合分析能力，RS 具有较强的空间动态检测能力，GPS 具有较强的高精度空间定位能力。基于 3S 技术，研发了一批用于数据采集分析的硬件设备，如 Hi-QGIS 采集器。Hi-QGIS 采集器内置有高分辨率摄像头，可实现影像信息的现场采集标注，除此之外，强大的内置麦克风可实现语音信息的现场采集标注。

畜禽养殖场属性数据与空间位置一般同步采集，采集完空间信息的同时须输入相应的养殖场属性信息，包括畜禽养殖场场主的联系方式、养殖品种、养殖规模、畜禽养殖场排泄系数等。在养殖场空间位置采集中，空间位置信息确定主要包含位置隐含的具体地址描述、相对位置描述和 GPS 坐标信息 3 种数据。利用 GPS 可在地图上快速定位获取坐标数据，用 Hi-QGIS 采集器实现影像信息的现场采集标注。将 GPS 坐标与影像信息相互匹配并做标注，可快速地确定某一畜禽养殖场的实时位置，并获得经纬度位置信息。此外，在野外作业时完成畜禽养殖场的空间位置以及特征参数信息的一体化采集，再进行数据校验、编辑处理之后上传至种畜禽信息注册系统中。

2）畜禽个体信息采集

种畜禽信息由出生信息、系谱信息、生长发育信息、疫病防控信息、繁殖信息和饲养管理信息 6 大部分组成。所有记录应准确、可靠、完整。引种要有种畜禽系谱档案和主要的生产性能记录，有关资料应保留 3 年以上。

通过电子耳标读取种畜个体身份信息。常用的电子耳标有 RFID 电子耳标。RFID 电子耳标内置电子芯片和天线，承载了畜禽个体信息，包括了身份编码、系谱信息和出生信息，是证明畜禽身份的个体身份证。

通过场外测定或场内测定两种方式获取个体性能信息。场外测定是指将各育种场的优良种畜的后裔，集中到中心测定站进行统一测定。场内测定指的是在各育种场内自行组织的性能测定。测定性状主要是经济性状和生产性能。测定结束后由管理员统一上传至信息注册系统。

6.1.2 种畜禽注册和遗传评估系统的应用

随着计算机信息技术在畜禽遗传育种研究中得到广泛的应用，包括了牛、羊、猪和禽等的数据分析、遗传参数计算、育种值估计、选种选配、系谱与近交分析、遗传进展估计及育种规划等方面。在育种值估计中计算问题正变得越来越复杂，计算机网络协同工作能提供通过任何网络节点上安装有软件的计算机进行快速分布计算。

（1）国外畜禽遗传评估系统

在国外遗传育种领域出现了大量应用于动物育种实践的软件包和商业化的软件系统，其中影响力较大的是美国伊利诺伊大学开发的动物育种软件包，该软件包的应用对世界动物育种研究领域产生了深远影响。20世纪70年代，Henderson重新提出BLUP的育种值估计方法。1976年，Harvery编制了次级样本含量不等资料的最小二乘法的通用计算程序LSM-76。1989年，Meyer开发了第一个应用非求导约束最大似然法原理估测方差组分的公用软件包DFREML。1989年，澳大利亚新英格兰大学发布了第一版的PIGBLUP软件，基于BLUP法实现对种猪的遗传评估和生产管理。1990年，Harvery等利用Herderson-3原理研制了可在计算机上运行的新版本软件包LSML。1993年，Kriese等在DFREML的基础上，编制了可处理更多数学模型，易于安装和使用的MTDFREML。

（2）国内畜禽遗传评估系统

我国至今还没有非常成熟地应用于商业领域的动物遗传育种软件，只有局限于科研院所为了科研项目需要开发的一些功能单一的程序包。1982年，王志刚等首次在IN-PC、XI上应用Basic语言研制成功了数量遗传育种程序软件包。常智杰等于1991年研制了BLUP和VCCE软件，它包括了目前BLUP和VCCE所希望的所有模型。1993年唐臻钦编制的AMBLUP（动物模型）和SMBLUP（公畜模型）两套大规模估计家畜育种值的微机软件，为种公（母）牛的育种值估计创造了便利条件。此后相继出现人工智能育种软件，杨丽芬于2003年完成了肉羊育种管理信息系统设计，可用于计算近交系数及绘制系谱通径图等。2006年，吴红超等以Visual Fox Pro 9.0为开发工具，研制出的现代奶牛场辅助育种管理系统，其突出之处是体型线性评定的实现、图像管理的方法以及奶牛辅助配种的实现。2008年，汪聪勇在《夏南牛育种管理系统开发及育种效果分析和微卫星标记分析》中估计了夏南牛主要生长性状的遗传参数和夏南牛种公牛的育种值，并分析了影响夏南牛生长性状的部分因素，并用微卫星标记技术分析了夏南牛群体遗传变异及体尺性状与微卫星DNA标记的相关性。

南京科群公司曾经开发过类似动物遗传育种方面的软件《科群育种分析系统》。它是一款用于各种家畜育种数据分析的软件，系统可计算遗传力、重复力、遗传相关以及应用BLUP法计算育种值，能满足目前各类家畜的一般育种工作需要；但市场反应效果并不理想，这可能也与我国目前的动物育种实际情况有关系。此外，目前在市场上得到推广且反响还算可以的育种软件是由北京中农博思科技发展有限公司开发的《农博士育种家》软件，但这款软件主要侧重于植物育种的应用。

2016年，华中农业大学动物科学技术学院开发了一款种羊注册系统，该系统结合种羊生产管理流程及企业需求，用B/S三层体系结构，以Apache + MySQL + PHP（简称AMP）为开发环境，开发了具有两种使用权限的种羊注册系统。两种权限分别为超级用户和一般用户，其中超级用户可管理整个系统的种羊资料以及对系统的维护，一般用户只对本场内的种羊资料进行管理操作。经过不断更新，系统目前是中国种羊行业内应用较多的一款育种软件，已为40多个企业、科研院所和育种团队提供育种数据储存服务，羊只注册数据近百万条[1]。该系统的主要功能包括：

① 种羊注册功能，包括逐条注册、批量注册和Excel表导入三种注册方式。

② 种羊遗传评估功能，基于C语言编写的遗传评估模块，用综合指数法计算种羊的育种值，EBV计算速度快，效率高。

③ 系谱绘制功能，系统自动生成五代种羊系谱图，并自动生成系统二维码。

④ 生产提醒功能，实现种羊配种、妊娠、分娩、断奶提醒。

⑤ 等级评定功能，根据宜昌白山羊等级评定标准和润涛多羔的企业标准对肉羊进行等级外貌打分，用于选种。

6.1.3 种畜禽注册和遗传评估系统的展望

现代网络技术以及智能手机的普及，用户使用平板、智能手机等便携式的移动设备即可访问种畜禽注册和遗传评估系统。用户进行信息采集时可通过互联网进行信息的无线传递和查询管理。系统在联合育种中发挥了重要作用，帮助育种员更加快捷、准确地进行现场测定数据的记录，更方便、及时地进行数据的传递和信息查询。

种畜禽注册和遗传评估系统是计算机技术与数量遗传学理论和系统工程技术集合而成的现代家畜育种平台。该平台逐渐趋于成熟，在推广应用后，将提高家畜育种水平和畜种在国际上的竞争力，提高养殖户的养殖效益。

6.2 饲料管理和配方系统

饲料管理和配方系统包括饲料生产管理、配方设计、自动配料三部分内容，系统主要应用于饲料场。

---

[1] 许平平. 种羊注册系统的研制 [D]. 武汉：华中农业大学，2016.

6.2.1 饲料管理和配方系统需要解决的问题

（1）饲料生产数据综合管理

目前我国规模化的大型农牧企业大多用自配料的方式提供饲料，而饲料生产管理并非易事。饲料加工生产涉及到诸多原料品种，尤其是饲料添加剂，包括了营养性添加剂——维生素、微量元素、氨基酸、非蛋白氮等，以及非营养添加剂——生长促进剂、驱虫保健剂、饲料保藏剂等。它们不光保存条件苛刻，有些还非常危险，这造成原料的采购、入库、库存、出库等管理极为复杂。

按采购、饲料生产和饲料销售等业务流程设计管理系统，实现部分流程自动化，流程间环环相扣，保证业务有秩序进行。结合管理重点，在业务过程中进行系统控制，减少人为疏漏的发生，是饲料生产管理系统要解决的首要问题。

饲料生产管理主要是指系统能够提供采购管理、仓储管理、品质管理、生产管理、竞价管理等功能，主要涉及原料抽样、质检、过磅、入库和付款结算，原料、半成品、成品的库存和质量等数据的储存和查询。

（2）智能优化配方

饲料厂日常工作之一就是寻找不同饲料原料的最优组合来满足动物的营养需求。由于饲料原料价格的波动和动物生长的特殊性，工作人员需要耗费大量的精力在饲料配方的繁琐计算中。因此，在保证饲料质量的条件下成本最低，是企业核心竞争力之一。从这个意义上看，饲料智能管理是畜牧业生产活动中一个比较重要的课题，其目标就是在保证动物营养需求的情况下，根据饲料原料价格和动物的生长阶段实时更新配方，尽可能降低成本。

（3）牧场与饲料厂信息对接

同一种家畜在不同的生长阶段、不同季节对饲料营养的需求都有所不同。如仔猪阶段是发育肠道及拉伸骨架的关键时期，对各类营养需求较高，而母猪对维生素 A、E 及叶酸等特殊营养素的需求量较高；又如在炎热的夏季如果仍用高能饲料或在冬季用高蛋白质饲料等都会影响猪的采食效果，甚至影响母猪的繁殖力，降低料肉比，带来严重的经济损失。因此，饲料生产管理系统需要打通养殖场与饲料厂的信息通道，饲料厂自动获取养殖场饲料订单，自动汇总猪场饲料需求计划。饲料厂根据饲料成品库存情况，制订饲料生产计划，保障养殖场生产的配套性，加强产业链的协同。

（4）饲料生产自动化控制

通过自动配料系统实现饲料生产过程中的自动化控制。自动配料系统是饲料生产工艺过程中一道非常重要的工序，配料工序质量对整个产品的质量举足轻重。饲料生产自动化控制的优势在于：①改善工人的工作环境，降低工人的劳动强度，提高生产效率；②要适用于多种配方的配料以及连续配料，并可实时追踪配方；③可实时监控连续生产过程，随时发现异常情况，发出报警。

6.2.2 饲料配方的设计

饲料配方设计指的是根据牲畜营养需求及原料营养含量，计算出各个原料在配合饲料中的含量。

配方设计所遵循的原则有营养性原则、安全性原则、经济性原则和市场性原则。营养性原则是指所设计配方的营养水平需要达到饲养标准，并能够预防营养缺乏症。安全性原则是指原料安全，其中包括动物性原料的用量规范。经济性原则是指在满足

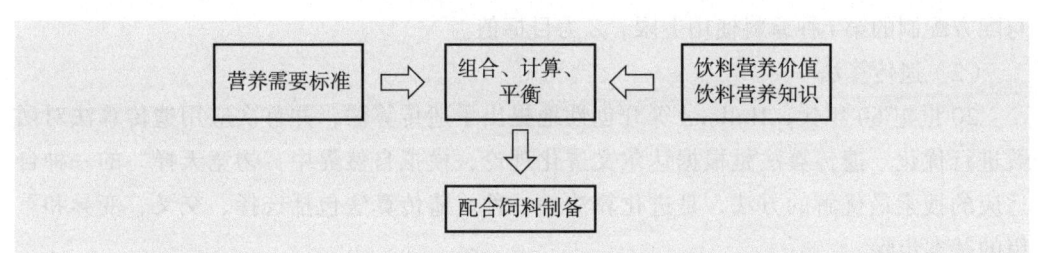

图 6-2 配方设计流程图

动物营养需求的前提之下，配方成本最低。市场性原则是指根据市场需求，对标配方功能，对产品进行市场定位。

配方设计的流程如图 6-2 所示：选定原料，根据营养需要标准，利用数学方法，对原料进行组合，计算求得各种原料的合理配比。需要注意的是，一个好的配方不是简单的计算就可得到，需要根据营养学原理和经济效益对配方不断优化，并且需要通过饲养试验筛选验证。

6.2.3 饲料配方相关算法

计算配方的方式有人工计算和计算机计算两种方式。人工计算包括了试差法、对角线法和联立方程法。计算机计算的相关算法包括了线性规划法、遗传算法和 NSGA-Ⅱ算法三种。

（1）线性规划法

线性规划法是目前比较成熟的优化算法，在确定决策变量、目标函数和约束条件后，借助 Lingo 等相关工具软件可对相关问题进行优化求解。线性规划法在企业生产、交通调度和经济管理等方面有着广泛的应用，其在饲料配方优化的首次应用是由美国人 Waugh 实现的。从此，线性规划法就成为各种饲料配方的主要算法。

线性规划是求某一目标函数在一定约束条件下的最大值或最小值，其中的约束条件和目标函数均可用线性方程组或线性不等式表示。线性规划最低成本配方的数学模型可表示为：

目标函数：
$$Z_{\min} = \sum_{i=1}^{n} c_i x_i$$

约束条件：

$$\begin{cases} \forall j \in [1, m], \sum_{i=1}^{n} a_{ji}x_i \geq b_j \\ \sum_{i=1}^{n} x_i = 1 \\ \forall i \in [1, n], d_i \leq x_i \leq e_i \end{cases}$$

式中：n 为原料个数，x_i 为参与配方配制的第 i 个原料的用量，m 为配方中包含的营养成分数量，c_i 为原料的价格系数，a_{ji} 为第 i 种原料的第 j 种营养成分的含量，b_j 为配方中第 j 种营养成分的营养需求，d_i 为参与配方配制的第 i 种原料使用下限，e_i 为参与配方配制的第 i 种原料使用上限，Z 为目标值。

（2）遗传算法

20 世纪 60 年代，Holland 等开创性地提出了遗传算法，并首次应用遗传算法对函数进行优化。遗传算法是根据达尔文进化理论，模拟自然界中"物竞天择"的一种自适应的搜索最优解的方法，是进化算法的一种。遗传算法包括选择、交叉、变异和重组的基本步骤。

遗传算法的优势在于：①与特定的问题无关，随机搜索能力较强；②良好的并行性，对多个群体同时进行搜索；③算法过程明确，有选择、交叉和变异等步骤；④扩展性强，与其他算法的结合较为容易；⑤随机性强，引进概率机制。

（3）NSGA-Ⅱ算法

NSGA 算法是由 Deb 和 Srinivas 为了解决多目标优化问题而提出来的，NSGA 算法维持种群多样性的手段是使用共享函数的方法，需要人为指定共享参数，这使得算法得出的结果有一定的偶然性，NSGA-Ⅱ算法使用精英策略和排挤算法来代替共享函数算法来避免这种缺陷。

6.2.4 自动配料系统

自动配料控制过程是一个多输入、多输出系统，各条配料输送生产线严格地协调控制，对料位、流量及时准确地进行监测和调节。系统由可编程控制器（programmable logic controller，PLC）与电子皮带秤组成一个两级计算机控制网络，通过现场总线连接现场仪器仪表、控制计算机、PLC、变频器等智能程度较高、处理速度快的设备。

在饲料自动配料过程中，将大宗原料与添加剂按一定比例配合，由电子皮带秤完成对皮带输送机输送的物料进行计量。PLC 主要承担对输送设备、秤量过程进行实时控制，并完成对系统故障检测、显示及报警，同时向变频器输出信号调节皮带机转速的作用。

自动配料系统的流程如图 6-3 所示。PLC 输出控制信息控制给料系统的给料速度、给料器的起停、料仓门的开关等，另外要接受来自上位机发送的相关配料量，所以它是饲料配比系统的核心控制器件。变频器可异步地接受 PLC 发送的控制指令，调整电磁振动给料机的电机转速，以实现变速给料。称重传感器用于实时测量称量料斗中物

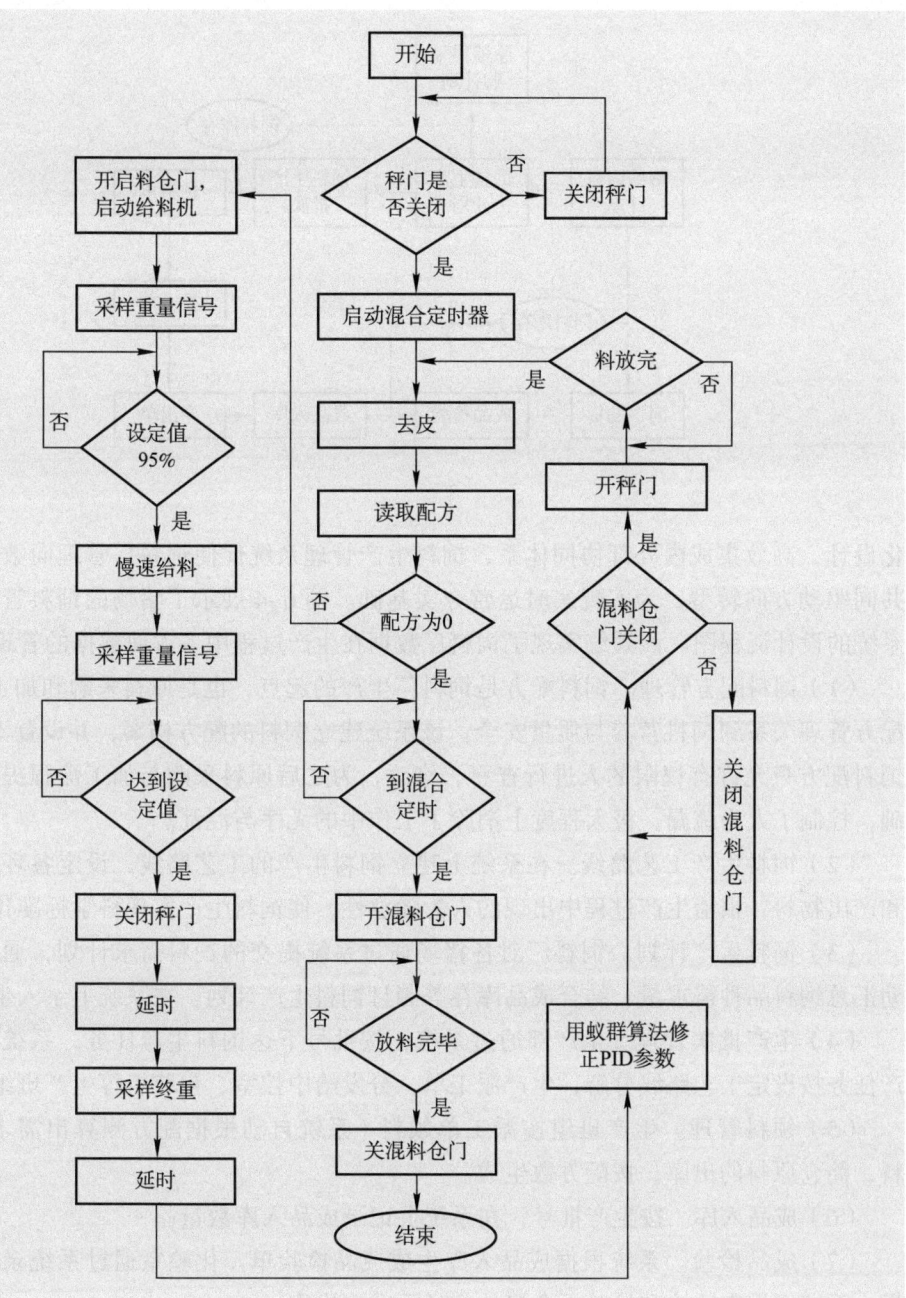

图 6-3 自动配料系统流程图

料的重量。称重采样接口用于将称重传感器的称重信号滤波、放大、模数转换后转换成数字信号再送入 CPU。

6.2.5 饲料管理和配方系统的应用

应用例 1:猪场饲料管理和配方系统

通过对原料采购、饲料生产、库存管理、订单管理、销售和配送等生产流程的优

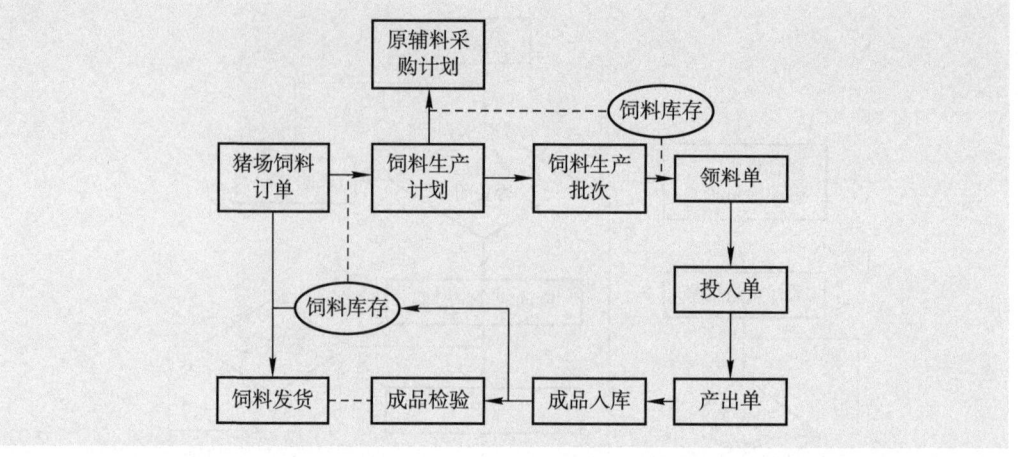

图6-4 猪场饲料管理与配方系统的设计流程图

化设计，高效集成内外部协同体系，饲料生产管理系统促使饲料厂管理向数据及流程共同驱动方向转型，为实现实时运营夯实基础。图6-4展示了猪场的饲料管理与配方系统的设计流程图。该系统实现了饲料厂数据在生产过程中各方面数据的管理。

（1）饲料配方管理。饲料配方是饲料厂生产的起点，也是原料采购和加工的依据，配方管理关系到饲料营养与质量安全。该系统建立饲料的配方档案，并设置不同权限，饲料配方只允许有权限的人进行查看、修改，为之后原料采购与加工流程提供数据基础，控制了人为疏漏，极大程度上消除了工作中的无序与混乱。

（2）饲料生产工艺路线。在系统上建立饲料生产的工艺路线，设定各环节的投入和产出物料，根治生产过程中出现的人为随意性，使饲料生产实现科学标准化。

（3）饲料生产计划。饲料厂对各猪场通过系统提交的饲料需求计划，通过系统自动汇总饲料品种需求量，结合成品库存等制订饲料生产计划。在系统上录入生产计划。

（4）生产批次管理。生产部通过系统，按批号下达饲料生产任务，系统自动将生产任务按设定工艺路线分解，生产派工单，分发给中控室、包装组等生产班组。

（5）领料管理。生产班组按派工单领料（系统自动根据配方测算出需求量）、投料，筒仓原料的出库，按配方数生成。

（6）成品入库。按生产批号，在系统上记录成品入库数量。

（7）成品检验。系统根据成品入库生成成品检验单。化验室通过系统录入检验结果。系统可设定待检和检验不合格的产品不允许出库。

（8）饲料发货。饲料销售管理人员根据各养殖场的饲料计划／订单，生成饲料发货单（系统可按先产先出原则自动指派发货批号、数量），派车发货。发货系统可与饲料厂地磅做接口，系统自动取得称重重量，不能人为修改。

（9）饲料厂绩效核算。原料损耗管理：按照原料仓库及原料品种建立损耗比率，根据耗用及盘存情况对损耗指标进行监测。成本核算：系统核算批次饲料生产成本。

应用例2：羊远程饲料配方系统

2016年华中农业大学开发了一款羊远程饲料配方系统。该系统用B/S三层体系结构，以 IIS + Access + ASP 为开发环境，开发了第一代配方系统，该系统以线性规划算法计算配方。后经不断改良，2021 年以 Apache + MySQL + PHP + C 为环境升级成第二代肉羊配方管理系统。该系统构建了用户信息库、饲养标准库和原料库，实现的功能主要包括：

（1）用户自定义选择配方模型：系统模型包括了羊生长阶段与增重目标，如母羊体重 45~50 kg，日增 0.06 kg。

（2）原料添加与推荐：第一，用户界面可自定义添加原料；第二，系统根据用户 IP 识别用户地域，调用该地常用的原料予以推荐；第三，用户选定原料后，系统会经过计算得到缺失的营养素，并在界面自动推荐该项营养素含量较高的原料，以供用户选择。

（3）配方制作与优化：系统调出了各原料组分在系统默认中默认的相关数据，用户通过调整原料的使用上限和下限，自主选择参与配方优化计算的各原料组分含量；用户可依据当地各原料组分的市场价格，对配方中原料的价格进行更改，也对当地的原料成分进行校准。

（4）配方结果记录与打印：将所计算的配方存入数据库，支持配方打印。

虽然以上这些系统在役表现尚可，但是都还显得"有点笨"，基本上还只是在固有程序范围内工作，并没有自我进化和学习能力，大数据和人工智能等的渗入还在初级阶段。

6.3 畜禽辅助疾病诊断系统

6.3.1 人工智能在辅助疾病诊断领域的应用

"人工智能 + 医疗"模式已经广泛应用于疾病的预防、治疗和护理。基于人工智能技术，在医疗领域已发展了医疗智能影像技术、智能诊断技术，这些技术通过对病人的症状进行模拟，可实现精准的疾病诊断，已成为辅助诊疗领域的热点。智慧医疗是"人工智能 + 医疗"的一个重大分支，它不仅可辅助医生提供方案进行诊断，也可为医生提供海量的医学信息，方便医生进行推理和判断。智能影像技术帮助医生判断疾病的种类及程度，提高诊疗效率。智能影像识别系统中储存了大量的医学影像记录，可通过模拟医生的思考方式，利用自身储存的信息对患者的影像进行分析识别，不仅提高了诊断的准确率，还降低了医生的疲劳程度，给医疗事业带来了巨大的进步。

专家系统（expert system，ES）是人工智能领域中应用最为广泛和最为成功的分支之一，是人工智能技术和具体应用学科相结合的产物。自 1965 年第一个专家系统 DENDRAL 问世以来，经过 50 多年发展，专家系统在理论和技术上取得了突破性的进展并日渐成熟。专家系统具有广泛的经济效益和社会效益，目前已被用于各个专业领域，包括医疗诊断、金融决策、地质勘探、化学工程、商业决策、语音识别、图像处理等。

专家系统是一种模拟某一特定领域人类专家思维过程，应用该领域丰富的专业知识和实践经验，解决通常由专家才能解决的复杂问题的计算机软件系统。专家系统的设计与实现通常是以知识库为中心开展的，知识库是专家系统的核心部分。一般而言，一个成功的专家系统必须具备以下3个要素：①某个领域内的专业知识；②能模拟专家的思维方式；③达到专家级别的解题水准。

6.3.2 专家系统的基本结构

一个完整的专家系统通常由人机界面、知识库、推理机、知识获取、综合数据库等几部分组成，如图6-5所示。畜禽辅助疾病诊断专家系统的性能主要取决于知识库的可用性、确定性和完善性。推理机是专家系统中非常重要的组成部分。推理机是一个控制机制，它根据待处理的对象来决定应用知识库中相关信息，并根据这些信息推导出结论。一个专家系统的性能主要取决于知识库的可用性、确定性和完善性。推理机是专家系统中非常重要的组成部分。推理机是一个控制机制，它根据待处理的对象来决定应用知识库中相关信息，并根据这些信息推导出结论。专家系统中的动态数据库用于存储推理过程中得到的多种问题信息。动态数据库的使用避免了同一问题的多次提问，从而提高了推理策略。人机接口是任何一个系统（不仅仅是专家系统）都不可缺少的组成部分，是用户和计算机交流的关键环节。人机接口设计的好坏关系到系统的易用性和推广性。

（1）人机界面

人机界面（man-machine interface）是系统与用户直接交流的界面，该界面是用户输入基本信息、回答相关问题，同时也是系统输出推理结论及相关解释的唯一合法接口。友好的人机界面能增强用户对专家系统的体验感。

（2）知识库

知识库（knowledge base）是问题求解过程所需的相关领域知识的集合，包括知识表示和框架表示，详见6.3.4节。知识库的知识源于专家，其质量和数量直接影响专家系统的质量水平，是决定专家系统能力的关键所在。专家系统在使用过程中，需要不断地对知识库进行维护。

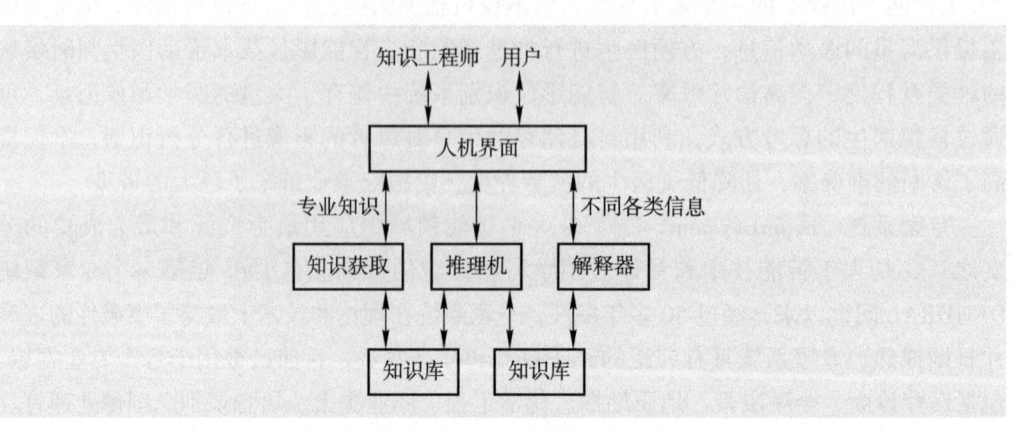

图6-5 专家系统运行原理

(3) 推理机

推理机 (reasoning machine) 是专家系统实施问题求解的核心执行部门，如同人类专家解决问题的思维方式。具体而言，推理机是将用户提供的证据和已知事实，与知识库中的规则不断进行匹配，直到得出结论为止的一段程序代码。

(4) 综合数据库

综合数据库 (integrated database) 专门用于储存系统运行过程中产生的所有数据，包括用户输入的信息、中间结果和最终结论等，反映了问题的求解状态。

(5) 解释器

具有解释功能是专家系统区别于其他计算机程序的标志，专家系统的解释接口负责对推理做出必要的解释。任何时候用户询问系统为什么做此判断，系统都会做出解释。这样用户可了解推理过程，为用户向系统学习和维护系统提供方便。

6.3.3 专家系统知识的获取

知识获取可看作是一个将专家所拥有的知识和经验从大脑转换至知识库中的过程。知识获取的方式可是手工的，也可是自动学习获取的，主要包括交谈法、观察法、分析法和文献法。

交谈法：通过交谈法可准确地把握专业概念和术语的内涵。通过和专家交谈，可精准把握畜禽疾病诊断知识重点。在实施交谈法时，需事先组织策划，为交谈设计目标任务和问题模板，从而使知识抽取和整合变得相对容易和规范。

观察法：观察法是获取隐性知识的技术。通过观察，知识工程师可获得有关畜禽疾病诊断领域的感性认识，从而对问题的复杂性、处置流程以及涉及到的环境因素等有直观的理解。对于策略性知识，知识工程师一般通过直接参与到专家处理问题的行为中，获得专家的直接经验，加深对领域知识的理解，从而增进对专家难以表述的概念和方法的理解。

分析法：通过录像、录音或病例笔记把专家所做的一切记录下来，让专家在现实的问题环境中通过不受约束的情景描述，体现专家实际求解问题的启发方式，知识工程师从记录结果中抽取有意义结构和规则。

文献法：文献法是从现有文献中收集所需要的资料。因此，它具有间接性和历史性的特点。研究者可对不能直接接触的研究对象进行研究。

对于知识库中知识的来源，不同的获取方法有各自的特点。专家的推理思维过程通常不是按照规范的条文进行的。不同的专家在对相同信息的处理过程中所使用的处理规则可能存在差异，具有一定局限性。专家在描述问题求解过程上与其实际用的处理方法之间存在差异。文献数据资料中的知识具有坚实的科学性和实证性。文献数据资料中的知识是带有编码的知识，具有格式化和结构化等特点，便于自动抽取、识别、分析和归纳。数字编码的文献知识具有复杂的组织与存储形式，知识的获取需要用多种规则、模式和技术才能完成。

6.3.4 专家系统知识表示和诊断框架

（1）知识表示

知识表示是把领域知识形式化和符号化的过程，合适的知识表示方法是一个专家系统成功的关键。针对畜禽领域知识的特点，用产生式规则的知识表示方法是建立畜禽领域专家系统的重要基础。产生式规则表达知识的最基本形式是：if（条件集）then（结果）。条件称为前件，后果称为后件。对产生式系统而言，推理通过规则匹配、冲突消解和操作3个步骤完成。匹配就是从规则库中选择与已知事实一致的规则作为备选的过程。备选的规则可能不止一条，需要通过一定的策略来选择其中的一条来进行推理，称为冲突消解。常见的冲突消解策略有专一性排序、规则（优先序）排序、数据（前提优先序）排序、规模（前提规模）排序、就近排序和上下文限制等。

产生式表达式：

$$IF\ A_1\ and\ A_2\ and\ \cdots\ and\ THEN\ B（CF）$$

其中：A 表示的是已知的相互独立的条件或事实，B 表示在 A 条件集下产生的含有若干可能情况的结论，CF 则表示已知条件下各结论发生的概率。下面以羊口蹄疫为例说明产生式表达式在专家知识表示方面的应用：

口蹄疫临床症状描述：

病羊体温升高至 40~41℃，精神沉郁，食欲减退或废绝，脉搏和呼吸加快。口腔、蹄、乳房等部位出现水疱、溃疡和糜烂。严重病例可见咽喉、器官、前胃等黏膜出现圆形烂斑和溃疡。绵羊蹄部症状明显，口腔黏膜变化较轻。山羊症状多见于口腔，成弥漫性口腔黏膜，水疱见于硬腭和舌面，蹄部病变较轻，个别病例乳房可见水疱。

口蹄疫病症关系可用产生式表示为：

IF 体温 40~41℃ AND 精神沉郁 AND 食欲减退 AND 呼吸加快 AND 口腔水疱（溃疡或糜烂） AND 蹄部水疱（溃疡或糜烂） AND 乳房水疱（溃疡或糜烂） THEN 口蹄疫（0.9）

（2）诊断框架

基于框架的表示方法中每个诊断对象对应一个描述框架，一个描述框架称为一个诊断单元。诊断对象结构、功能、属性、动态行为特征，相关领域知识和数据处理方法等有关诊断方法被封装在描述诊断对象的诊断单元中，用以完成该诊断对象的内部诊断任务。通过诊断对象间的层次分解关系和分类层次关系有机地组成一个多级层次结构诊断网络。

动物疾病诊断的单元描述框架一般表示为：

<框架名>：诊断对象#动物疾病名

<槽名1>：<疾病症状>

<侧面名1>：<消化系统症状>#（值1）：（消化症状1）；（值2）：（消化症状2）；…

<侧面名2>：<呼吸系统症状>#（值1）：（呼吸症状1）；（值2）：（呼吸症状

2);…
　　……

6.3.5　专家系统的推理策略

推理的效率和智能水平决定专家系统的智能水平，常用的推理方法有正向推理、反向推理和正反向混合推理三种。

（1）正向推理

正向推理是事实驱动的推理，它从用户提供的事实资料出发，按照一定的策略向着结论的方向推导，从而得出结论。其大致过程是根据用户提供的原始信息与规则库中的前提条件进行匹配，若匹配成功，则将该规则对应的结论取出作为结果；若匹配失败，则重新执行该过程。正向推理方法简单易行，但针对性不强，常常用到回溯，耗时较长。

（2）反向推理

反向推理与正向推理完全不同，它是先对问题提出假设（结论），再从假设（结论）出发，回溯正向推理路径，找到支撑假设（结论）的证据，最后进行验证的过程。与正向推理相比，反向推理的目的性很强。

（3）正反向混合推理

正反向混合推理也称双向推理，它是先用正向推理得出可能的假设，再以这些假设为出发点反向推理找寻证据进行求证的过程。双向推理常用于已知信息不足，正向推理不能触发任何条件的情形。因为推理过程更接近人类决策的思维模式，所以更易于人们理解和接受，常用于复杂问题的求解。

专家系统在进行疾病诊断的过程一般用混合推理方法，即首先进行正向推理，从用户获取动物疾病诊断的一般信息和动物所表现出的主要症状，以这些信息为依据得到一个或多个假设结论，根据这些信息判断动物有可能患的疾病，随后进行反向推理，进一步有目的地获取一定数量的信息来验证自己的假设结论，如果从这些假设结论中可得出结论，则诊断结束；如果这些假设结论在随后的进一步信息获取中无法被证实，则放弃这些假设结论，以已经得到的信息为依据寻找新的假设结论，进行新一轮的验证过程。

6.3.6　禽辅助疾病诊断系统的诊断形式

目前，畜禽辅助疾病诊断系统的诊断形式方法主要包括远程视频连线诊断、症纹库比对诊断和视频辅助诊断。

（1）远程视频连线诊断

远程视频连线诊断是用终端视频系统与专家的远程视频，专家也能实时通过视频看到动物的情况和实时对话沟通，给出初步诊疗结果和应急诊疗方案。例如广东省农业科学院兽医研究所通过"动物疾病远程诊疗服务中心"，用户能远距离、第一时间在线与兽医所专家联系，通过视频连线及时进行疾病防治的咨询、诊断和治疗等服务。

通过在线解剖等，借助高清晰的镜头，省农科院兽医所的专家团队可即时诊断和给出治疗方案，从而解决了边远地区养殖技术差、看病难、治疗更难的问题，并且大大节约治疗成本，可达到"及时诊断、及早治疗、安全用药、绿色养殖"的效果。

（2）症纹库比对诊断

国家肉羊产业体系整站系统下的医链平台用疾病症纹比对的方式对羊病进行远程辅助诊断。医链平台构建了1个羊疾病症纹库：通过对羊疾病症状做标准化处理，提取出能反映羊疾病症状的关键词作为羊疾病的特征值，这些特征值集合成症纹；统计单个特征值在所有山羊疾病数据库中出现的频数，计算羊疾病总数与该频数的比值作为特征值估值。将每个羊疾病的症纹和特征值估值汇总构成"羊疾病症纹库"。在"羊疾病症纹库"中，根据特征值估值的大小，设定一定阈值，挑选出具有较大诊断价值的特征值，在羊疾病专家系统中，用户通过症纹比对的方式进行羊疾病辅助诊断，具有较大诊断价值的特征值优先推荐，以此提高诊断效率。

（3）视频辅助诊断

视频辅助诊断指的是用户在诊断过程中，可根据症状的视频来判别症状或疾病。相较于以往的诊断系统对症状仅做文字或图片描述，视频可给用户带来更为直观、更易理解症状的方法，能够提高系统的诊断准确性。

医链构建了一个视频库，其中包含了相关疾病或症状的视频。用户诊断时点击疾病或症状，即有相应的视频弹出，供用户诊断时参考。

6.4 牧场复杂工况下智能体训练和智能决策

学习与讨论
奶牛发情识别

学习与讨论
母猪发情行为识别智能应用——基于MFO-LSTM的研究

牧场规模化智能化的生产方式使智能体训练和智能决策成为了热点。通过人工智能技术，能实现对畜禽的精准识别及实时检测，实现畜禽的精准管理，降低人工成本。

本节介绍了牧场复杂工况下智能体训练和智能决策的算法模型，包括决策树算法，支持向量机算法、随机森林法和卷积神经网络算法。

6.4.1 决策树算法

6.4.1.1 决策树的定义

决策树（decision tree）算法是构造决策树来发现数据中蕴含的分类规则，其核心是利用数据，根据损失函数最小化的原则构造一个精度高和规模小的决策树，其中损失函数指的是正则化的极大似然函数。

6.4.1.2 决策树结构及算法

决策树是由根结点、内部结点和叶子结点构成的树状结构。其中，根结点包含了待分类样本的全集，内部结点对应于测试属性，叶结点对应于决策结果。决策树的学习算法通常是一个递归地选择最优特征。算法首先从根结点开始，根据属性的取值将样本数据分成不同的子结点，直到当前结点属于同一个类或者取相同的属性值；然后根据属性的取值，计算得到最优划分属性并将该属性作为当前结点；接着递归调用此方法，直到当前节点属于一个类或没有属性可划分。

决策树的核心步骤是最优划分属性的选择，通常以信息增益、信息增益率和基尼指数作为其选择依据。其中，信息增益是指属性划分前后熵（熵是度量样本中属性不确定性的指标）的差值，信息增益率是指信息增益与某一特征熵的比值，基尼指数是指样本被选中的概率与样本被错分的概率的乘积。依据树中最优划分属性选择的不同，决策树分类算法主要有 ID3 和 C4.5 两类算法。此外，还有用于同时解决分类和回归问题的 CART 算法。

（1）ID3 算法

ID3 算法由 Ross Quinlan 发明，建立在"奥卡姆剃刀"的基础上：越是小型的决策树越优于大的决策树（be simple 简单理论）。ID3 算法中根据信息论的信息增益评估和选择特征，每次选择信息增益最大的特征做判断模块。ID3 算法可用于划分标称型数据集，没有剪枝的过程，为了去除过度数据匹配的问题，可通过裁剪合并相邻的无法产生大量信息增益的叶子节点（例如设置信息增益阈值）。使用信息增益的话其实是有一个缺点，那就是它偏向于具有大量值的属性——就是说在训练集中，某个属性所取的不同值的个数越多，那么越有可能拿它来作为分裂属性，而这样做有时候是没有意义的，另外 ID3 不能处理连续分布的数据特征，于是就有了 C4.5 算法。CART 算法也支持连续分布的数据特征。

ID3 决策树中定义了"信息熵"指标，信息熵是指样本中信息的不确定度，信息熵越小样本集信息含量越低（纯度越高）。

$$Ent(D) = -\sum_{k=1}^{y} p_k \lg^2 p_k$$

其中：$Ent(D)$ 表示样本集 D 的信息熵，y 表示样本的类型总数。

$$Gain(D, a) = Ent(D) - \sum_{v=1}^{V_a} \frac{|D^v|}{|D|} Ent(D^v)$$

式中：$Gain(D, a)$ 表示按照类别 a 分类后的信息增益，V_a 表示按照 a 分类的样本类型数，D^v 表示总样本中第 v 类样本，$|D|$ 和 $|D^v|$ 分别表示样本集 D 的数量和样本集中属性取值为 v 的样本子集数，$Ent(D^v)$ 为该样本子集的信息熵。

决策树生成中按照信息熵降低最大的类别来分裂，即满足：

$$a_* = \underset{a \in A}{\arg\max}\, Gain(D, a)$$

即

$$a_* = \underset{a \in A}{\arg\max} \left[Ent(D) - \sum_{v=1}^{V_a} \frac{|D^v|}{|D|} Ent(D^v) \right]$$

式中：a_* 为最优划分属性。

（2）C4.5 算法

C4.5 是 ID3 的一个改进算法，继承了 ID3 算法的优点。C4.5 算法用信息增益率来选择属性，克服了用信息增益选择属性时偏向选择取值多的属性的不足，在树构造过程中进行剪枝；能够完成对连续属性的离散化处理；能够对不完整数据进行处理。C4.5 算法产生的分类规则易于理解、准确率较高，但效率低，因树构造过程中，需要对数据集进行多次的顺序扫描和排序。也是因为必须多次数据集扫描，C4.5 只适合于能够驻留于内存的数据集。

C4.5 与 ID3 的区别在于增益率的计算公式不同。C4.5 中增益率定义为 $GR(D, a)$。

$$GR(D, a) = \frac{Gain(D, a)}{IV(a)}$$

$IV(a)$ 表示属性 a 的固有值；计算公式如下：

$$IV(a) = -\sum_{v=1}^{v} \frac{|D^v|}{|D|} \lg^2\left(\frac{|D^v|}{|D|}\right)$$

C4.5 决策树算法并不是直接选择增益率最大的候选划分属性，而是先从候选划分属性中找出信息增益高于平均水平的属性，再从中选择增益率最高的属性，减少了信息增益准则对可取数值数目较多的属性有所偏好而可能带来的不利影响。

6.4.1.3 决策树算法在牧场的应用

决策树在个体的基本概率已知的情况下，可计算它们的净现值和期望值是否大于 0 的概率而衍生出来的具有评价和评估作用的预测模型。具体的应用为某一天是否适合放牧，设置四个指标分别是：天气晴朗 sunny，空气的温度 temperature，空气的湿度 humidity，风力的级别 wind。利用决策树来回答是否适合放牧的问题，yes 表示适合，no 表示不适合。

6.4.2 支持向量机算法

（1）支持向量机的定义

20 世纪 90 年代，针对小样本分类问题，Vapnik 等提出支持向量机（support vector machine，SVM）方法。SVM 是一种基于结构风险最小化准则的学习方法，其推理能力明显优于一些传统的学习方法。自从 SVM 提出以来，已取得了一系列重要的研究进展，并逐步成为一种借助于最优化方法解决数据挖掘中若干问题的有效工具，一定程度上能解决高维、过学习等传统问题。

（2）SVM 多分类器算法

SVM 多分类器算法包括了标准算法、一对一方法和层分类法等。标准算法：对于 k 类问题构造 k 个分类器，第 i 个 SVM 用第 i 类中的训练样本作为正的训练样本，将其他的样本作为负的训练样本，这个算法也称为一对多方法。一对一方法：该算法在 k 类训练样本中构造所有可能的二类分类器，每类仅在 k 类中的二类训练样本上训练，结果共构造 $N=k(k-1)/2$ 个分类器。组合这些二类分类器很自然地用到了投票法，得票最多的类为新点所属的类。层分类法：该算法是在一对一方法上的改进，将 k 个分类合并为 2 个大类，每个大类里面再分成 2 个子类，如此下去，直到最基本的 k 个分类，这样形成不同的层次，每个层次都使用 SVM 进行分类。

（3）SVM 的应用

SVM 在字符识别、文本自动分类、人脸检测、指纹识别、头的姿势识别中均具有广泛应用。在图像检索领域，通过 SVM 能够大幅提高图像检索的准确性。在畜牧业中，可应用 SVM 对基因组数据进行分析研究和编码。

6.4.3 随机森林算法

（1）随机森林法的定义

L. Breiman 在 2001 年提出的随机森林（random forest）算法已在分类和回归分析中被广泛使用，随机森林算法是指利用多棵决策树对样本进行训练并预测的一种分类器。该方法在变量数量远大于观察数量的情况下显示出出色的性能。此外，随机森林算法具有足够的通用性，可应用于大规模问题处理，可轻松地适应各种临时学习任务。

（2）随机森林法的算法流程

随机森林是基于 bagging 框架下的决策树模型，随机森林包含了很多树，每棵树给出分类结果，每棵树的生成规则为：①如果训练集大小为 N，对于每棵树而言，按照有放回的随机抽样方式从训练中抽取 N 个样本作为该树的训练集，即每个数据集中可能有重复数据，但大小均与原数据集相同。重复 m 次，生成 m 组训练集。②如特征集的样本维度为 X，指定一个常数 $x<X$，利用 x 个特征对每棵树尽最大程度的生长，并且没有剪枝过程。最后通过对 m 个分类结果进行综合分析得到最终结果。随机森林法的算法流程如图 6-6 所示。

（3）随机森林法的优势

随机森林是一种很灵活实用的方法，它的优势有以下几点：①准确性高；②可在大数据集上高效运行；③能够处理高维特征的输入样本；④能够找出重要的特征；⑤在有缺省值时也能够获得很好的结果。

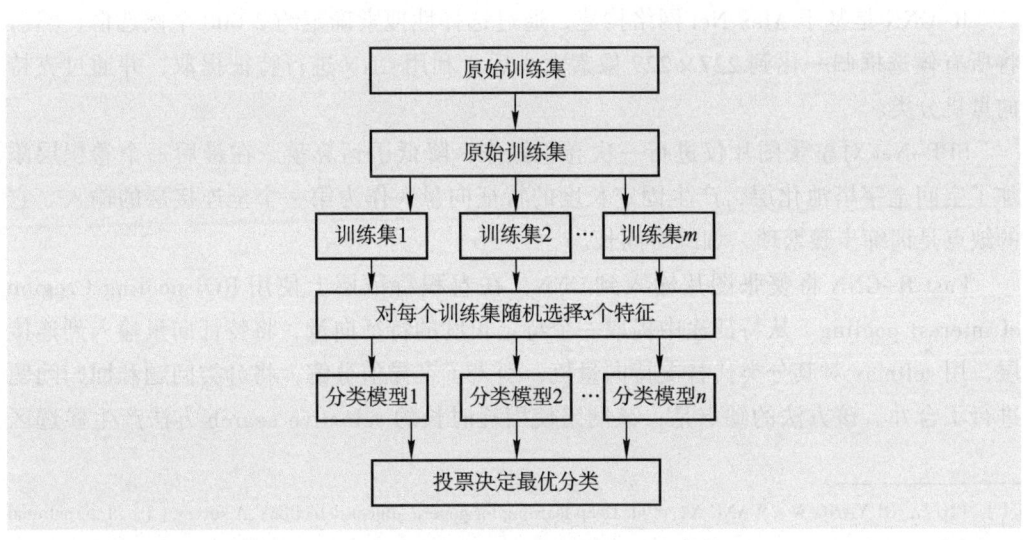

图 6-6 随机森林算法流程图

6.4.4 卷积神经网络算法

（1）卷积神经网络算法概述

神经网络技术起源于 20 世纪五六十年代，当时称感知机，包含输入层、输出层和隐藏层。其激活函数一般为 sigmoid 函数。sigmoid 函数的公式为：

$$f(z) = \frac{1}{1+e^{-z}}$$

20 世纪 80 年代 Hition 等发明的多层感知机，就是具有多层隐藏层的感知机。神经网络的层数决定了它对现实的刻画能力，但是随着神经网络层数的加深，优化函数越来越容易陷入"局部最优解陷阱"。另外，随着层数的增加，"梯度消失"现象更加严重。例如，用 sigmoid 作为神经网络的输入输出函数，对幅度为 1 的信号，在利用 BP 反向传播时，每传递一层，梯度衰减为原来的 0.25。层数过多后梯度会指数衰减，底层可能接收不到有效的信号。2006 年，Hition 提出了深度学习的概念，利用预训练的方式缓解了局部最优解的问题，将隐藏层增加到了 7 层，实现了真正意义上的"深度"。在深度神经网络（deep neural network，DNN）中一般可使用 ReLU、maxout、tanx、softmax 和 ReLU 等传输函数代替 sigmoid。

（2）基于卷积神经网络的目标提取

基于神经网络算法的目标检测模型有 CNN、R-CNN、SPP-Net、Faster R-CNN、Mask R-CNN、Cascade R-CNN、Trident Net、YOLO 系列和 SSD 系列 9 类[1]。

卷积神经网络（convolutional neural network，CNN）是从 DNN 中演变而来的。卷积层和池化层是 CNN 特有的，卷积层用 ReLU 作为激活函数，池化层没有激活函数。根据模型需要卷积层和池化层的组合可在隐藏层出现多次。卷积层和池化层后是全连接层，全连接层与 DNN 结构一致，但是在输出层使用了 softmax 激活函数来做图像分类。

R-CNN 是基于 Alex Net 网络构建，通过选择性搜索确定约 2 000 个候选框，然后将所有候选框归一化到 227×227 像素大小后，利用 CNN 进行特征提取，并通过支持向量机分类。

SPP-Net 对整张图片仅进行一次卷积操作，降低了运算量。在最后一个卷积层添加了空间金字塔池化层，产生固定长度的特征向量，作为第一个全连接层的输入。它的缺点是训练步骤繁琐，训练时间长。

Fast R-CNN 将整张图片输入到 CNN，在卷积特征层上使用 ROI pooling（region of interest pooling）从特征途中提取一个特定长度的特征向量，将特征向量输入到连接层，用 softmax 对其分类代替支持向量机，引入了奇异值分解，将分类问题和回归问题进行了合并。该方法的缺点是：该网络使用耗时长的 selective search 方法产生候选区

---

[1] LIU L, OUYANG W, WANG X, et al. Deep learning for generic object detection: A survey [J]. International Journal of Computer Vision, 2020, 128 (2): 261-318.

域，所以速度很慢，无法实时监测。

Faster R-CNN 该方法可看作是区域生成网络（region proposal network，RPN）和 Fast R-CNN 结合。RPN 是一种数据驱动的目标检测模式。Faster R-CNN 是第一个真正实现端到端网络的模型。它使用 RPN 来生成候选区域，将生成候选区域、特征提取、目标分类和位置回归这些步骤整合到一个模型中。RPN 是 Faster R-CNN 的核心。它只需要在最后的卷积层滑动一遍，即可得到 3 种图像尺度（128、256、512）和三种长宽比（1∶2、2∶1、1∶1）的候选区块。该方法的缺点是：①保留了 Fast R-CNN 中的 ROI pooling 层，这导致网络特征中丧失了平移不变性，影响了目标定位的准确性；②ROI pooling 层后每个区域经过了多个全连接层，存在重复计算，降低了检测速度；③它使用锚点框对应原图，然而每个锚点框对应原图一块较大区域，导致 Faster R-CNN 对小目标检出效果不好。

Mask R-CNN 在原有 Faster R-CNN 上基于边框识别的分支上再加入一个用于预测目标掩码的并行分支（Mask 预测分支）实现分割任务。由于 ROI pooling 中的量化操作会增加掩码错误率，Mask R-CNN 提出了 ROI align，使用双线性差值的方法，使得为每个 ROI 取得的特征能够更好地对齐原图上的 ROI 区域，提高了掩码精确度。

Faster R-CNN 中是通过设置固定的交并比（intersection over union，IOU）阈值来设定正负样本的，这就使得选取的候选框不太准确。针对此问题设计了一种级联结构的检测器 Cascade R-CNN。Cascade R-CNN 每个级联的检测器设置不同的 IOU 阈值进行训练，且越往后的检测器的 IOU 阈值越高，这样可逐步过滤掉一些误检框，使得每个检测器输出的准确度提升一点。

三分支网络 Trident Net 是利用空洞卷积构建的，相比之前的算法，更好地解决了多尺度检测问题。Trident Net 首次验证了不同大小的感受野对于检测结果的影响，即大的感受野更有利于检测大物体，小的感受野更有利于检测小物体。

YOLO 方法将目标检测任务当作一个回归问题来处理，直接从一整张图像来预测出候选框坐标、置信程度和类别。YOLO 在训练和测试时都是使用的整张图片信息，所以在背景中检出错误的物体的可能性较小。YOLO 对多类别分类的支持性很好，最多可支持 9 000 个类别。但是，YOLO 的缺点是物体定位不准。

SSD 网络使用 VGG-16-Atrous 作为基础网络，并在 VGG-16-Atrous 基础上添加的特征提取层，增加了检测精度。但是 SSD 对小目标的检测效果不好，因为经过多层卷积后，小目标留下的信息非常少。

评价目标检测模型好坏的指标有：监测速度（frames per second，FPS），即每秒监测的数量；重叠度（intersection over union，IOU），即模型产生的预测框与原始标注框交集和并集的比值；精准率（precision，P），即分类正确的样本与分类后判断为正样本个数的比值；召回率（recall，R），即分类正确的样本与真正正样本的比值。

（3）基于卷积神经网络的身份识别

身份识别主要是依靠关键点检测来实现的。它包括关键点的检测、定位和对齐比对等；关键点包括眉毛、眼睛、鼻子、嘴巴、脸部轮廓等，是人为定义的用于识别的面部区域。

最早的身份识别算法是活动形状模型（active shape model，ASM），它是由 Cootes 在 1995 年提出的经典的人脸关键点检测算法，主动形状模型即通过形状模型对目标物体进行抽象。ASM 是一种基于点分布模型（point distribution model，PDM）的算法。后来，Cootes（1998）对 ASM 进行改进，不仅用形状约束，而且又加入整个脸部区域的纹理特征，提出了 AAM 算法。AAM 与 ASM 一样，主要分为两个阶段，即模型建立阶段和模型匹配阶段。其中，模型建立阶段包括对训练样本分别建立形状模型和纹理模型，然后将两个模型进行结合，形成 AAM 模型。

级联姿势回归（cascaded pose regression，CPR）模型通过一系列回归器将一个指定的初始预测值逐步细化，每一个回归器都依靠前一个回归器的输出来执行简单的图像操作，整个系统可自动地从训练样本中学习。

汤晓鸥等将 CNN 用于人脸关键点检测，提出一种级联 CNN 模型－深度卷积网络（deep convolutional network，DCNN）。该模型有三层结构，分别是 F1（face 1）、EN1（eye，nose）、NM1（nose，mouth）。F1 输入尺寸为 39×39 pt，输出 5 个关键点的坐标；EN1 输入尺寸为 39×31 pt，输出是 3 个关键点的坐标；NM1 输入尺寸为 39×31 pt，输出是 3 个关键点。Level-1 的输出是由 3 个 CNN 输出取平均得到。Level-2 由 10 个 CNN 构成，输入尺寸均为 15×15 pt，每两个组成一对，一对 CNN 对一个关键点进行预测，预测结果同样是取平均。Level-3 与 Level-2 一样，由 10 个 CNN 构成，输入尺寸均为 15×15 pt，每两个组成一对。Level-2 和 Level-3 是对 Level-1 得到的粗定位进行微调，得到精细的关键点定位。该方法与传统 CNN 方法的区别在于用了局部权值共享。

周而进等在 DCNN 模型上进行改进，提出从粗到精的人脸关键点检测算法，实现了 68 个人脸关键点的高精度定位。该算法将人脸关键点分为内部关键点和轮廓关键点，内部关键点包含眉毛、眼睛、鼻子、嘴共计 51 个关键点，轮廓关键点包含 17 个关键点。

张展鹏等认为，在进行人脸关键点检测任务时，结合一些辅助信息可帮助更好地定位关键点。这些信息如性别、是否戴眼镜、是否微笑和脸部的姿势，等等。他将多任务学习（multi-task learning，MTL）应用到人脸关键点检测中，提出了任务约束的深卷积网络（tasks-constrained deep convolutional network，TCDCN），将人脸关键点检测（5 个关键点）与性别、是否戴眼镜、是否微笑及脸部的姿势这四个子任务结合起来构成一个多任务学习模型。后来他们提出一种多任务级联卷积神经网络（multi-task cascaded convolutional network，MTCNN）用以同时处理人脸检测和人脸关键点定位问题。

6.5 智慧牧场的智能装备集成和平台化

6.5.1 智能装备的集成化

牧场智能装备的集成化，就是将畜牧生产管理某一环节中涉及的智能设备进行集成，以提高其效率，简化操作和降低成本。智慧牧场中智能装备的集成一般包括：畜舍环境智能监测和控制装备的集成、生产智能装备的集成、智能粪污处理装备的集成、智能健康监测和防疫装备的集成和其他方面装备的集成。

（1）畜舍环境智能监测和控制装备的集成

畜舍环境智能监测设备的集成。畜舍环境智能监测设备主要有：温度、湿度、气体和光照监测设备，可将这些监测设备的传感器和对应的电路集成在一个芯片上，形成单片集成传感器，也可分开集成在不同的芯片上，再把不同的芯片在电路板上排列在一起，形成混合版的集成传感器。

畜舍环境智能控制设备的集成。畜舍环境智能控制设备主要有：温度、湿度、气体和光照智能控制设备。温度智能控制相关设备主要有：风机 – 水帘、空调、地暖、智能化窗（户）帘等。湿度智能控制相关设备主要有：加湿器、除湿机、风机 – 水帘、空调、地暖和智能化窗（户）帘等。光照智能控制相关设备主要有：人工光源设备、智能化窗（户）帘等。气体智能控制相关设备主要有：智能化窗（户）帘、风机、自动化刮粪板（粪污清洁机器人）等。这些环境智能控制中的许多设备涉及对多个环境因子的调控，如智能化窗（户）帘涉及对温度、湿度、光照和气体这些环境因子的调控，风机涉及对温度、湿度和气体这些环境因子的调控。因此，有必要对这些环境智能控制设备进行集成，提高对其环境调控的精准性、高效性和低成本。畜舍环境智能控制集成设备的运行原理为：设定环境因子（如温度、湿度、气体浓度和光照）参照值，当环境因子传感器传回物联网管控系统里的监测值超过或低于参照值时，通过控制算法计算偏差后，按一定的控制规律发出相应的输出信号，启动一个或多个控制设备对环境因子进行调控，直到达到预期目标。畜舍环境智能控制集成设备的运行原理如图 6-7 所示。

（2）生产智能装备的集成

生产智能装备的集成主要包括：精准饲喂控制装备的集成、生长性能监测装备的集成、繁殖性能监测装备的集成和畜禽产品智能收集装备的集成。

精准饲喂控制装备的集成。集成的精准饲喂控制设备主要有精准饲喂站、自动投料机器人两种。精准饲喂站有针对群体的电子饲喂站（electronic sow feeding，ESF）和针对个体的精准饲喂站两种类型。目前在市场上集成的电子饲喂站主要是妊娠母猪电子饲喂站，其原理是在圈栏散养的背景下，即一个圈栏内有数十头妊娠母猪共用一台母猪电子饲喂站，每头母猪只能单独进入饲喂站进行采食，其中采食量是互联网控制系统中已经设置好的，采食达到限定量后，饲喂站通过控制系统自动停止下料，母

编者导学
牧场智慧信息平台

学习与讨论
智慧牧场管理系统

学习与讨论
母猪智能化精准饲喂系统

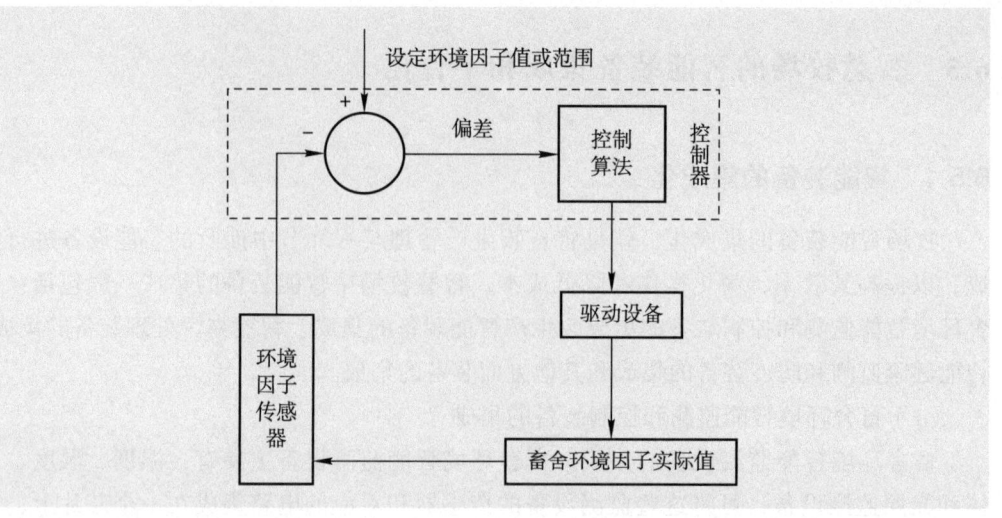

图 6-7 畜舍环境智能控制集成设备的运行原理

猪退出，进入门打开，下一头妊娠母猪进入采食。电子饲喂站还能对妊娠母猪休息、排泄甚至发情进行监测，可避免限位栏饲喂带来的动物福利问题。市场上常见的 ESF 有荷兰 NeDaP 公司生产的 Velos ESF 和加拿大 JYGA 公司生产的 Gestal 3G ESF。个体的精准饲喂站主要是针对单栏饲养的哺乳母猪、泌乳奶牛及单笼饲养的蛋鸡等，具有频繁饲喂及精确饲喂的功能。每个饲喂站拥有独立控制的芯片和存储器，用 Wi-Fi 无线通信的技术与移动端的管理软件相连接，可根据食欲调整动物的饲喂频率，从而促进家畜（禽）采食量、哺乳母猪及奶牛的泌乳量或鸡的产蛋量及蛋重。市场上常见的哺乳母猪饲喂站主要有加拿大 JYGA 公司生产的 Gestal QUATTRO 和 Gestal SOLO 两种类型，常见的奶牛饲喂站有奥地利 Schauer 公司生产的 COMPIDENT 和荷兰 Hokofarm 公司生产的奶牛饲喂站。自动投料机器人克服了饲喂站不能行走的特点，可代替人去完成动物的饲喂工作。导轨式投料机器人通过移动终端选择之前预存的日粮配方，再下达配料的任务后，在配料车间依托配套的起重机抓手依序接收不同种类和比例的饲料原料，之后按固定的导航轨道进入畜舍，行走过程中基本完成饲料混合，之后在投料过程中边走边搅拌，完成投料后自动返回预定位置，同时自动投料机器人还需要自动推料机器人完成后续多次推料的工作。

生长性能监测装备的集成。目前，畜禽企业在挑选种畜禽时仍依靠复杂的人工方法采集数据，而通过智能化检测装备对种畜禽体重和瘦肉率（超声波）进行检测，可提高选种和育种的效率，降低人工成本。通过群体电子饲喂站或个体精准饲喂站这类设备的自动传感器可将畜禽增重等生长性能数据传输给计算机系统。另外可根据移动终端设备获取这些种畜禽的相关数据，计算出当日的饲料配方，再通过智能配料设备完成动物的精准饲喂[1]。

---

[1] 沈明霞，刘龙申，闫丽，等.畜禽养殖个体信息监测技术研究进展[J].农业机械学报，2014，45（10）：245-251.

繁殖性能监测装备的集成。目前，对家畜繁殖性能如发情、妊娠和分娩的监测仍依靠人工进行。通过项圈计步器、脚腕计步器、智能体温监测仪和B超等自动化监测设备的集成，可将数据传输给计算机系统，对母畜发情、妊娠和分娩进行智能化监测，提高对繁殖性能的监测效率。

畜禽产品智能收集装备的集成。畜禽产品智能收集装备主要涉及肉、蛋、奶等畜禽产品的收集、分拣和包装。通过自动化传送带、捡蛋机器人、分拣包装设备的集成，对禽蛋产品进行智能化收集。通过自动化屠宰、分拣和包装设备的集成对肉产品进行智能化收集。通过挤奶机器人、消毒设备、分装设备的集成对牛奶进行智能化收集。挤奶机器人是目前家畜养殖机器人领域挑战性最高、投入最大和产品最多的一类机器人，目前主要有Lely、DeLaval、Hokofarm、GEA Farm和Fullwood五大品牌，提高了挤奶的效率，降低了人工成本，但该设备的技术瓶颈目前卡在挤奶前的清洗及上杯上。由于奶牛的个体差异，存在乳头位置、大小及垂直度的不同，导致机器人红外定位时的模糊，出现反复套杯或挤奶用的管道被卡住的情况，延长了奶牛挤奶的时间，增加了应激和影响了后续排队奶牛的挤奶过程。因此，全自动挤奶机器人在技术上还存在很大的优化空间。

（3）智能粪污处理装备的集成

智能粪污处理装备涉及自动刮粪板、粪尿分离设备（沉淀池）、粪便处理设备、尿液处理设备等。规模化养殖场中自动刮粪板在计算机系统控制下进行智能化刮粪，通过沉淀池或专门粪尿分离设备将粪尿进行分离，分离后的粪便通过相关智能化设备进行预干燥、混合、发酵和打包后进行自用或出售，分离后的尿液通过沼气池及相关设备对沼气和沼液进行利用。

（4）智能健康监测和防疫装备的集成

畜禽体温、心率、采食和声音数据是判断其是否健康的重要指标。基于红外测温、心电传感、电子或个体精准饲喂站、视频成像、声音识别等设备及技术的集成，对畜禽的体温、心率、采食及咳嗽等健康相关指标进行统一监测，提高监测的效率，降低人工成本。但畜禽体温和心电实时监测系统还处于实验阶段，在准确及精确性上仍有待提高。畜禽场防疫的主要手段有消毒和疫苗免疫。通过消毒和免疫药液喷雾机器人可实现畜禽场的智能化防疫。该机器人系统由移动承载平台、控制器、防疫喷雾部件和环境监测传感器四部分组成，有遥控操作和智能化运行两种工作模式。目前，疫苗注射类机器人仍处于研发阶段。

（5）其他方面装备的集成

除了上述四方面装备的集成外，还涉及动物福利及行为监测装备、动物分群装备、自动修蹄及蹄浴装备、电子围栏及牧场监控装备的集成。这些装备的集成，可大大降低动物生产管理中的应激，提高其健康和福利水平。

6.5.2 智能装备的平台化

智慧牧场中智能装备的平台化涉及智能装备感应系统、传输系统和控制系统，具

编者导学

放牧条件下智能管理

学习与讨论

机器人养殖——未来"无人养殖"的可能性

有明显的物联网特征。畜牧业物联网是由大量智能装备和传感器节点所构成的监控网络，它通过信息传感设备实时地采集畜禽生长、繁殖、产品和养殖环境等相关数据，用局域网或广域网将数据传输到云端，并在手机和计算机等终端进行显示，通过云计算来实现对大数据的处理，再通过移动终端控制系统，实现对畜牧装备的智能化控制。

智慧牧场中畜舍环境控制、动物生产性能监测、精准饲喂、粪污处理和健康监测等都实现了智能装备的平台化（图6-8）。目前，市场上开发出的智能化装备平台涉及智能监测方面的较多，在智能控制方面的较少。例如，阿牧云牧场管理系统可通过手机app对奶牛产奶、繁殖、健康进行智能监测和精准饲喂。可以肯定地说，目前我们所用的这些平台仅仅是智慧时代的最初级版本，更多智能化技术将会注入到这些平台。

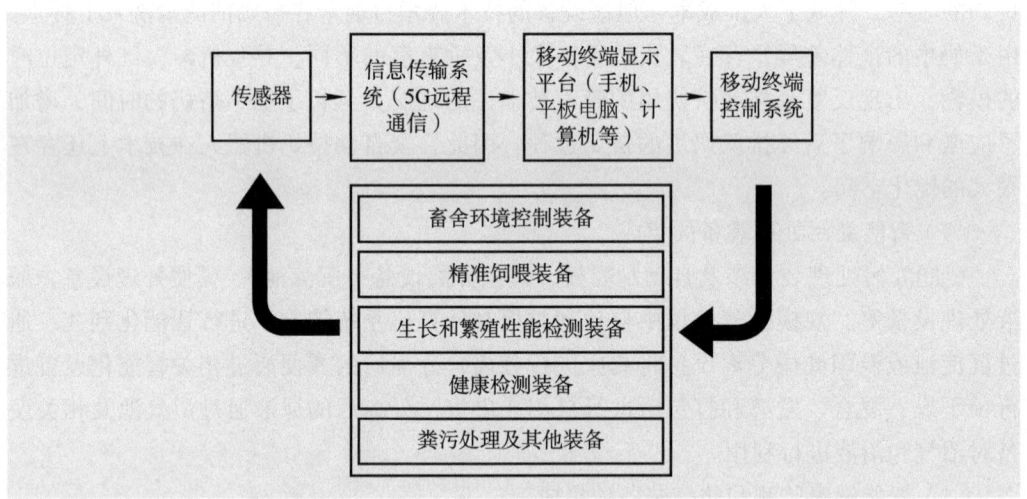

图6-8 智能装备平台

? 思考题

1. 为什么要进行种畜注册？
2. 不同遗传评估算法之间的差异有哪些？
3. 人工智能在牧场的应用有哪些？

推荐阅读

[1] 纪越峰. 现代通信技术 [M]. 4版. 北京：北京邮电大学出版社，2014.

[2] 孟立凡，蓝金辉. 传感器原理与应用 [M]. 3版. 北京：电子工业出版社，2015.

[3] 石瑞生，吴旭. 大数据安全与隐私保护 [M]. 北京：北京邮电大学出版社，2019.

[4] 王玉洁. 物联网与智慧农业 [M]. 北京：中国农业出版社，2014.

[5] 王玉梅. 畜牧场环境控制与规划 [M]. 北京：北京师范大学出版社，2020.

[6] 易继锴，侯媛彬. 智能控制技术 [M]. 北京：北京工业大学出版社，1999.

[7] 张志勇，王雪文，翟春雪，等. 现代传感器原理及应用 [M]. 北京：电子工业出版社，2014.

[8] 赵军辉，张青苗，邹丹. 物联网通信技术与应用 [M]. 武汉：华中科技大学出版社，2019.

[9] WILKINS N. Artificial intelligence: the ultimate guide to AI, the internet of things, machine learning, deep learning + a comprehensive guide to robotics [M]. [S.l.]: Bravex Publications, 2019.

名词索引

B

半导体气敏传感器 / 28
贝叶斯分类器 / 110
闭环控制 / 114

C

超声波 / 31
超声波传感器 / 32
超声波诊断仪 / 32
传感器 / 10

D

大数据 / 71
低功耗蓝牙 / 56
电感式传感器 / 18
电容式传感器 / 17

F

服务器虚拟化 / 81
复合控制 / 116
复合型传感器 / 12

G

光电池 / 27
光电传感器 / 25
光敏电阻 / 27
光敏二极管 / 27
光敏三极管 / 27

H

红外传感器 / 25

J

机器学习 / 108
计算机控制 / 117
加密 / 46, 96
结构型传感器 / 12
解密 / 46, 96
经典蓝牙模块 / 56
决策树分类器 / 110
绝对湿度 / 30

K

开环控制 / 115
可编程序控制器 / 120
可信执行环境 / 92
控制 / 114
控制系统 / 114

L

蓝牙 / 55
流密码 / 97

M

码元 / 47
模拟通信系统 / 45
模数转换器 / 119

牧场大数据　/ 72
牧场机器人　/ 40
牧场数据　/ 72
牧场智能控制系统　/ 124

P

频带利用率　/ 47

R

热导式气体传感器　/ 29
热电偶传感器　/ 21
热电阻传感器　/ 22
人工神经网络　/ 110，123
容器技术　/ 83

S

射频识别　/ 60
身份认证　/ 99
湿敏元件　/ 30
数据使用频率　/ 74
数据寿命　/ 74
数模转换器　/ 119
数字调制　/ 46
数字签名　/ 99
数字通信系统　/ 45

T

调制　/ 45
通信　/ 44
通信系统　/ 44

W

无线传感器网络　/ 62

物性型传感器　/ 12

X

线性规划法　/ 139
相对湿度　/ 30
信道编码　/ 46
信道编码技术　/ 50
信道译码　/ 46
信息传输速率　/ 47
信源编码　/ 46
信源编码技术　/ 49

Y

压电式传感器　/ 19
移位密码　/ 96
云计算　/ 79

Z

窄带物联网　/ 66
支持向量机　/ 110
智慧牧场　/ 1
智慧畜牧　/ 1
智能控制　/ 121
置换密码　/ 97
自动控制　/ 114
自动配料系统　/ 140

LoRa 技术　/ 63
PN 结型温度传感器　/ 23
Wi-Fi 技术　/ 61
ZigBee 技术　/ 57

郑重声明

高等教育出版社依法对本书享有专有出版权。任何未经许可的复制、销售行为均违反《中华人民共和国著作权法》，其行为人将承担相应的民事责任和行政责任；构成犯罪的，将被依法追究刑事责任。为了维护市场秩序，保护读者的合法权益，避免读者误用盗版书造成不良后果，我社将配合行政执法部门和司法机关对违法犯罪的单位和个人进行严厉打击。社会各界人士如发现上述侵权行为，希望及时举报，我社将奖励举报有功人员。

反盗版举报电话　　(010)58581999　58582371
反盗版举报邮箱　　dd@hep.com.cn
通信地址　　北京市西城区德外大街4号　高等教育出版社法律事务部
邮政编码　　100120

读者意见反馈

为收集对教材的意见建议，进一步完善教材编写并做好服务工作，读者可将对本教材的意见建议通过如下渠道反馈至我社。

咨询电话　　400-810-0598
反馈邮箱　　gjdzfwb@pub.hep.cn
通信地址　　北京市朝阳区惠新东街4号富盛大厦1座　高等教育出版社总编辑办公室
邮政编码　　100029

防伪查询说明

用户购书后刮开封底防伪涂层，使用手机微信等软件扫描二维码，会跳转至防伪查询网页，获得所购图书详细信息。

防伪客服电话　　(010)58582300